彩图 1　铜锤玉带草 1

彩图 2　铜锤玉带草 2

彩图 3　铜锤玉带草 3

彩图 4　白花败酱 1

彩图 5　白花败酱 2

彩图 6　红番苋 1

彩图 7　红番苋 2

彩图 8　马齿苋

彩图 9　荠

彩图 10　硬毛地瓜儿苗 1

彩图 11　硬毛地瓜儿苗 2

彩图 12　蕨

彩图 13　豆腐柴

彩图 14　豆腐柴 2

彩图 15　豆腐柴 3

彩图 16　胡枝子

彩图 17　木槿 1

彩图 18　木槿 2

彩图 19　锦鸡儿

彩图 20　富贵菜

彩图 21　想思龙藤

彩图 22　黄秋葵

彩图 23　马兰头

彩图 24. 人参菜

Yesheng Shucai Ziyuan ji
Zaipei Shiyong Jishu Jicui

野生蔬菜资源及栽培实用技术集萃

郑 华 主编

中国农业出版社
北 京

主　编：郑　华

副主编：蒋加勇　朱建军

参　编：（按汉语拼音顺序排列）

钟伟荣　周月英

前言

野生蔬菜，是指可作蔬菜食用的野生植物的根、茎、叶、皮、花、果、汁类的总称。

我国地域辽阔，野生蔬菜资源丰富，对野菜的利用与栽培前人已有研究，如1996年金盾出版社出版了《中国野菜开发与利用》，2005年中国林业出版社出版了《森林蔬菜利用与栽培》。

人们的膳食在不断发展变化，不断需求食用新的蔬菜品种，且食用量不断增大，甚至以菜代粮。野生的资源已不能满足人们日益增长的需求，人们对野菜的驯化栽培越来越感兴趣。文成县位于浙江省南部山区，属亚热带海洋季风气候区，雨量充沛，非常适宜野生蔬菜的生长，根据20世纪90年代的资源调查，文成县拥有千种以上的野生蔬菜品种，总蕴藏量达万吨以上。多年来，市、县各级政府十分重视野生蔬菜资源的开发与利用，野生蔬菜已成为山区农民增收的一个新增长点。为了进一步促进野生蔬菜的开发利用，在多年工作的基础上，特收集有关技术资料编写此书，本书着重介绍了36种野生蔬菜的植物学特性，

16种野生蔬菜的栽培技术及4种野生蔬菜的生产技术规程。相信本书的出版，将对广大从事野生蔬菜栽培及开发的农民朋友与科技人员具有较高的参考应用价值，将为发展绿色高产高效农业提供新技术、新经验，也将为广大农民提供致富的新途径和新信息。

本书的出版得到了浙江省文成县科技局的资助，温州市农业局有关专业技术人员对本书进行了精心细致地审核，并提出了宝贵的修改意见，在此一并表示感谢！

由于水平有限，书中尚有不足之处，敬请各位读者多提宝贵意见。

郑　华

2017年5月

目录

第一章　概　　述

我国野生植物资源十分丰富，特别是野生蔬菜品种繁多，人们食用野菜历史悠久。早在3 000年前的《诗经》中就有描述人们采集野菜的诗句。历代涉及山野菜的著作也很多，如《千金食治》《食疗本草》《救荒本草》《本草纲目》《植物名实图考》《神农本草》和《本草拾遗》等。这些文献都说明了几千年来野菜一直是我国劳动人民的主要菜食之一；特别是在灾荒之年和革命战争时期，野菜更可为人们解决果腹之需，如一种名叫"野茼蒿"的野菜就曾被称为"革命菜"。即使在人工栽培蔬菜供应充足的时期，在广大农村、山区，特别是草原和边远地区，野菜仍然是人们的重要佐餐食品。

野菜具有无污染且营养极为丰富的优点。它含有人体所必需的蛋白质、脂肪、糖类、胡萝卜素、维生素、钙、磷等多种微量元素，许多营养成分含量都比人工栽培的蔬菜高。它非常适宜制作菜肴供家庭食用，是独具特色的山野美味，也是山区群众宴请宾客的佳肴。许多野菜还具有药食同源等良好的保健作用。

随着人民生活水平的不断提高，不少人对于鸡鸭鱼肉已感厌倦，利用野菜改换一下口味，已日益引起重视并受到人们的欢迎。在许多地方，野菜已上市销售，在一些宾馆、饭店、酒楼、餐馆中，它作为特种风味上了餐桌。野菜早已成为我国重要的出口商品之一，并在经济上获得了较大的效益。因此，开发利用野生蔬菜，对社会经济的发展具有重要的意义。

文成县位于浙江省南部山区，温州市西部飞云江中上游，地理坐标为东经119°46′～120°15′，北纬27°34′～57°59′，中心为北纬

27°47′，东经120°05′。东接瑞安，南临平阳、苍南，西南倚泰顺，西北连景宁，北界青田。总面积1 293.24千米²。文成属浙南山地，境内山峦起伏，连绵不绝，山地面积占全县总面积的82.5%，森林覆盖率达71.5%，俗称“八山一水一分田”。县境属亚热带海洋季风气候区，年平均气温为14～18.5℃，常年无霜期285天，年平均降水量1 660毫米。气候常年温暖湿润，雨量充沛。重重叠叠的山，形形色色的土，郁郁葱葱的林，大大小小的园，零零星星的田，适宜于众多的生物生长，构成全县生物成分的多样性、古老性和生物区系的广泛性，形成了有本区域特色的生物群体成分和种类。大自然赐予人们的生物资源种类繁多，人们依靠大自然的恩赐，不断地向自然索取并不断地涵养着自然，保护各色各样的种源，共同组成平衡的生态体系。众所周知，在漫漫的历史长河中人们不断地“采蓝”“采菲”“采薇”“采艾”，不断地采集、种植、繁育、利用野生蔬菜食品。人们家种或栽培的蔬菜食品都是从自然野生而来。

各级政府十分重视山区野生蔬菜资源及开发利用，早在20世纪90年代，文成县就对野生蔬菜资源进行了调查及开发利用研究，21世纪，文成县农业局印发了《文成县野生蔬菜资源志》，温州市委市政府在文成宾馆召开了野生蔬菜开发利用座谈会，文成县委专题研究野生蔬菜的产业化开发问题，随后文成县农业局等单位开展了野生蔬菜品种资源的保护、开发利用与推广研究，收集本地野生蔬菜资源，引进富贵菜、相思龙藤、黄秋葵、人参菜等品种进行驯化栽培、示范推广。2016年，野菜栽培面积36.7公顷，产量440多吨。

第二章　资源现状

一、野菜特点

（一）营养价值高

野生蔬菜营养成分有蛋白质、脂肪、糖类、粗纤维、胡萝卜素和维生素 C 等，这些都是人体必需的营养元素。败酱（俗名苦菜）、蕨（俗名山蕨）等养分含量比常规蔬菜高 1～2 倍，有些野菜的营养成分比某些粮食作物还高，如含有稻米和小麦面粉不含的胡萝卜素和维生素 C。每百克黄豆中的胡萝卜素含量为 1.35 毫克，而野菜中含胡萝卜素最少的蕨菜，也含有胡萝卜素 1.86 毫克。野菜中还含有无机盐，其中特别有益的元素有钙、磷、镁、钾、钠及铁、锌、铜、锰等矿物元素。这些元素含量的比例与人体需要的比例相近。

（二）保健作用好

野菜中许多营养成分本身就是良药。维生素 C 能防坏血病；胡萝卜素对夜盲症、弱视及近视等眼疾有疗效；粗纤维具有吸水性，能增加粪便量，刺激胃肠蠕动，促进消化腺分泌，帮助消化，对肥胖症、高胆固醇血症和结肠炎有预防作用，它还有离子交换能力和吸附作用，可分解有害物质。经研究证明，适宜的粗纤维素对预防直肠癌、糖尿病、冠心病、胆结石、痔疮等疾病均有益处。

（三）无污染无残留

野菜自然生长，生命力强。抗逆，抗病虫，不施化肥、不喷农药等，是纯天然的绿色食品，是高质量的无公害蔬菜。

（四）风味独特

几千年来，我国人民经常采集野菜食用，食用方法亦多种多样，已在民间形成了传统的食用方法。野菜可生食、凉拌、炒食、蒸煮，或煮浸炒食；也可做馅、做汤；可腌制、干制；还可加工成罐头，制作淀粉等。野菜制品大多清鲜味美。

二、资源现状

文成县位于浙江南部、温州西部的飞云江上游。全县耕地 1 万公顷，林地 8.93 万公顷。“八山一水一分田”是文成的地貌特点，野生蔬菜资源十分丰富，且有很高的开发利用价值。随着城镇居民生活水平的提高，无污染的野生蔬菜颇受青睐。根据 20 世纪 90 年代的资源调查，文成县拥有千种以上的野生蔬菜品种，总蕴藏量达万吨以上。我们共采集制作了 535 种野菜，拍摄了新鲜野菜照片 1 000余份，制作干标本 260 件，菌类浸渍标本 16 件。260 件野菜干标本经植物学鉴定，计有 174 个品种分属 58 个科。174 个品种均有科名、种名、学名（拉丁名）、俗名、产地、识别特征、食用方法和临床应用等方面的描述和插图。它们分布在洞宫山脉，重点分布在东头、石垟、公阳等 10 多个乡镇和驮南垟、岱民、烂井湖、上岳头、中村等 50 多个村庄。平时常见、分布较广、产量较高的有 15 类 40 多个品种。苦槠（贮量 1 500 吨）、竹笋类（贮量 1 200 吨）、败酱（贮量 100 吨）、蕨类（贮量 800 吨）、大青类（贮量 200 吨）、硬毛地瓜儿苗（贮量 180 吨）、菌类（贮量 150 吨）、鼠曲草类（贮量 40 吨）、豆腐柴（贮量 25 吨）、蒿类（贮量 20 吨）、马兰（16 吨）、蕺菜（贮量 14 吨）、百合（贮量 12 吨）、薤白（贮量 11 吨）、胡枝子

(贮量 10 吨)。260 种野菜中有 109 种兼有药用价值。

(一) 紫萁科 (Osmundaceae)

本科有紫萁 (*Osmunda japonica* Thunb.) 1 种，带柄嫩叶可食，也可腌制和干制，根状茎富含淀粉，可食；根、茎可药用。

(二) 凤尾蕨科 (Pteridaceae)

本科有蕨 [*Pteridium aguilinum* (L.) Kuhn var. *Iatiusculum* (Desv.) Underw.] 1 种，多年生枯叶草本，带柄嫩叶可食，也可腌制、干制和保鲜加工，根状茎富含淀粉，可食；全株可药用，可栽培。

(三) 乌毛蕨科 (Blechnaceae)

本科有狗脊 [*Woodwardia japonica* (Linn) Smith]、胎生狗脊蕨 (*Woodwardia prolifera* Hook. et Arn.) 2 种，2 种带柄嫩叶可食，也可腌制和干制；狗脊根状茎富含淀粉，可食。

(四) 苹科 (Marsileaceae)

本科有苹 (*Marsilea quadrifolia* L.) 1 种，水生植物，嫩茎叶可食，全草可药用。

(五) 三白草科 (Saururaceae)

本科有蕺菜 (*Houttuynia cordata* Thunb.) 1 种，多年生草本，嫩茎叶可食，也可腌制，全草可药用，可栽培。

(六) 壳斗科 (Fagaceae)

本科有 2 种，苦槠 [*Castanopsis sclerophylla* (Lindl.) Schottky] 为乔木，白栎 (*Quercus fabri* Hance) 为落叶乔木。2 种成熟坚果加工后可食；白栎果实的虫瘿可药用。

（七）桑科（Moraceae）

本科有 2 种，天仙果［*Ficus erecta* Thunb. var. *beecheyana*（Hook. et Arn.）］为落叶小乔木或灌木，变叶榕（*Ficus variolosa* Lindl.）为灌木或乔木。2 种嫩叶可食；根及果可药用。

（八）荨麻科（Urticaceae）

本科有 3 种，毛赤车（*Pellionia scabra* Benth.）为多年生小草本，苎麻［*Boehmeria nivea*（L.）Gaud.］为多年生草本或亚灌木，糯米团［*Memorialis hirta*（Bl.）Wedd.］为多年生草本。3 种嫩茎可食；毛赤车和糯米团全草可药用；苎麻根、叶可药用；苎麻可栽培。

（九）蓼科（Polygonaceae）

本科有 6 种，水蓼（*Polygonum hydropiper* L.）和辣蓼［*Polygonum hydropiper* L. var. *flaccidum*（Meisn.）Steward］为一年生草本，嫩茎叶可食，全草可药用。火炭母（*Polygonum chinense* L.）、虎杖（*Polygonum cuspidatum* Sieb. et Zucc.）、野荞麦［（*Fagopyrum* Cymosum Meisn.）（*Polygonum* Cymosum Meisn.）］和羊蹄（*Rumex japonicus* Houtt.）为多年生草本，火炭母成熟果实可食，全草药用；虎杖嫩茎可食，根药用；野荞麦嫩叶可食，全草药用，可栽培；羊蹄嫩叶，全株可食，根药用。

（十）苋科（Amaranthaceae）

本科有 2 种，为一年生草本。鸡冠花（*Celosia cristata* L.）嫩叶和花可食，花序及种子药用可栽培；凹头苋（*Amaranthus ascendens* Loisel.）嫩全株可食。

（十一）商陆科（Phytolaccaceae）

本科有商陆（*Phytolacca acinosa* Roxb.）1 种，多年生草本，

嫩茎叶可食；根药用，可栽培。

（十二）马齿苋科（Portulacaceae）

本科有马齿苋（*Portulaca oleracea* Linn）1种，一年生草本，嫩茎叶可食；全草药用，可栽培。

（十三）石竹科（Caryophyllaceae）

本科有3种，雀石草（*Stellaria alsine* Grimm.）为越年生草本，嫩茎叶可食；牛繁缕［*Malachium aquaticum*（L.）Fries］为多年生草本，嫩茎叶可食，全草药用；漆姑草［*Sagina japonica*（Sw.）Ohwi］为一年生或二年生小草本，嫩全株可食，全草药用。

（十四）毛茛科（Ranunculaceae）

本科有毛茛（*Ranunculus japonicus* Thunb.）1种，多年生草本，幼株可食，全草药用。

（十五）防己科（Menispermaceae）

本科有樟叶木防己（*Cocculus laurifolius* DC.）1种，直立常绿灌木，嫩叶可食，根供药用。

（十六）木兰科（Magnoliaceae）

本科有华中五味子（*Schisandra sphenanthera* Rehd. et Wils.）1种，落叶木质藤本，果实可食，也供药用。

（十七）樟科（Lauraceae）

本科有山鸡椒［*Litsea cubeba*（Lour.）Pers.］1种，落叶灌木或小乔木，嫩叶可食用，根、茎、叶、果均可入药。

（十八）罂粟科（Papaveraceae）

本科有小花黄堇［*Corydalis racemosa*（Thunb.）Pers.］和黄

堇［*Corydalis pallida*（Thunb.）Pers.］2种，为一年生草本，嫩茎叶可食，全草药用。

（十九）十字花科（Cruciferae）

本科有2种，荠［*Capsella bursa - pastoris*（L.）Medic.］为一年生或二年生草本，嫩叶丛可食用，全草药用，可栽培；碎米荠（*Cardamine hirsuta* L.）为一年生草本，嫩叶丛可食用。

（二十）景天科（Crassulaceae）

本科有垂盆草（*Sedum sarmentosun* Bunge）1种，多年生草本，嫩全株可食用，全草药用。

（二十一）虎耳草科（Saxifragaceae）

本科有云南虎耳草（*Saxifraga mengtzeana* Engl.）和虎耳草（*Saxifraga stolonifera* Meerb.）2种，多年生草本，嫩叶可食，虎耳草全草药用。

（二十二）蔷薇科（Rosaceae）

本科有14种，野山楂（*Crataegus cuneata* Sieb. et Zucc.）、小叶石楠［*Photinia parvifolia*（Pritz.）Schneid.］、山莓（*Rubus corchorifolius* L. f）和掌叶覆盆子（*Rubus chingii* Hu）为落叶灌木，成熟果实可食，野山楂嫩叶可代茶，野山楂和掌叶覆盆子果实、根药用，山莓根药用；石斑木｛［*Rhaphiolepis indica*（Linn）Lindl.］（*Crataegus rugosa* Nakai)｝、皱叶石斑木（*Rhaphiolepis rugosa* Nakai)、大叶石斑木（*Rhaphiolepis majov* Card.）和硕苞蔷薇（*Rosa bracteata* Wendl.）为常绿灌木，成熟果实可食，石斑木和皱叶石斑木嫩叶可食，石斑木根叶药用，硕苞蔷薇根、花药用；金樱子（*Rosa laevigata* Michx.）为常绿攀援灌木，成熟果实可食，根、果供药用；龙芽草（*Agrimonia pilosa* Ledeb. var. *japonica* Nakai）为多年生草本，嫩茎叶可食，全草药用，可栽培；乌泡子

（*Rubus parkeri* Hance）为攀援灌木，成熟果实可食；蓬蘽（*Rubus hirsutus* Thunb.）为小灌木，成熟果实可食，根、果、叶药用；插田泡（*Rubus coreanus* Miq.）为灌木，成熟果实可食，全株药用；茅莓（*Rubus parvifolius* L.）为有刺小灌木，成熟果实可食，根及枝叶药用。

（二十三）豆科（Leguminosae）

本科有6种，香花崖豆藤（*Millettia dielsiana* Harms ex Diels）为攀援灌木，种子可食，根药用；锦鸡儿［*Caragana sinica*（Buc' hoz）Rehd.］为落叶灌木，花可食，根、花药用，可栽培；田皂角（*Aeschynomene indica* L.）为半灌木状草本，嫩叶可食，全草药用；胡枝子（*Lespedeza bicolor* Turcz.）为灌木，花可食，根皮及花药用，可栽培。南岭黄檀（*Dalbergia balansae* Prain）为乔木，嫩叶可食；野葛［*Pueraria lobata*（Willd.）Ohwi］为藤本，块根可食，根、茎、叶、花、果实均可药用，可栽培。

（二十四）酢浆草科（Oxalidaceae）

本科有酢浆草（*Oxalis corniculata* L.）1种，多年生草本，嫩茎叶可食，全草药用。

（二十五）漆树科（Anacardiaceae）

本科有盐肤木（*Rhus chinensis* Mill.）1种，灌木或小乔木，嫩茎叶可食，根药用，枝叶上寄生的五倍子（虫瘿）用于轻工业及医药。

（二十六）卫矛科（Celastraceae）

本科有扶芳藤［*Euonymus fortunei*（Turcz.）Hand. - Mazz.］1种，常绿匍匐或攀援灌木，嫩茎叶可食，茎、叶药用，可栽培。

（二十七）省沽油科（Staphyleaceae）

本科有野鸦椿［*Euscaphis japonica*（Thunb.）Dippel］1种，落叶灌木或小乔木，嫩叶可食，根及果药用，可栽培。

（二十八）凤仙花科（Balsaminaceae）

本科有凤仙花（*Impatiens balsamina* L.）1种，一年生草本，嫩茎可食，全草及种子药用，可栽培。

（二十九）鼠李科（Rhamnaceae）

本科有长叶冻绿（*Rhamnus crenata* Sieb. et Zucc.）1种，灌木或小乔木，嫩叶和成熟果实可食，根皮或全株药用。

（三十）葡萄科（Vitaceae）

本科有3种，秋葡萄（*Vitis romanetii* Roman.）和东南葡萄（*Vitis chunganensis* Hu）为木质藤本，成熟果实可食；光叶蛇葡萄［*Ampelopsis brevipedunculata* var. *maximowiczii*（Regel）Rehd.］为落叶木质攀援藤本，成熟果实可食，根或根皮及叶药用。

（三十一）锦葵科（Malvaceae）

本科有木槿（*Hibiscus syriacus* L.）1种，落叶灌木，花可食，根、茎皮、花、果实药用，可栽培。

（三十二）猕猴桃科（Actinidiaceae）

本科有3种，猕猴桃（*Actinidia chinensis* Planch.）为木质藤本，嫩叶和成熟浆果可食，根、茎药用，可栽培；白花杨桃（*Actinidia eriantha* Benth.）为藤本，成熟浆果可食，根、叶药用；京梨猕猴桃（*Actiniia callosa* Lindl. var. *henryi* Maxim.）成熟果实可食。

（三十三）堇菜科（Violaceae）

本科有 5 种，湖南堇菜（*Viola hunanensis* Hand. - Mazz.）通常近于无毛草本，嫩苗可食，全草药用；匍伏堇（蔓茎堇菜）（*Viola diffusa* Ging.）为一年生草本，嫩茎叶可食，全草药用。柔毛堇菜（*Viola principis* H. de Boiss.）为白色长柔毛草本，嫩株可食；庐山堇菜（*Viola stewardiana* W. Beck.）嫩株可食；堇菜（*Viola verecunda* A. Gray）幼苗及嫩茎叶可食，全草药用。

（三十四）胡颓子科（Elaegnaceae）

本科有牛奶子（*Elaeagnus umbellata* Thunb.）1 种，落叶灌木，成熟核果可食。

（三十五）桃金娘科（Myrtaceae）

本科有赤楠（*Syzygium buxifolium* Hook. et Arn）1 种，灌木或小乔木，成熟果实可食。

（三十六）野牡丹科（Melastomataceae）

本科有地茄（*Melastoma dodecandrum* Lour.）1 种，匍匐亚灌木，成熟浆果可食，根及全株药用。

（三十七）五加科（Araliaceae）

本科有长刺楤木（*Aralia spinifolia* Merr.）1 种，直立灌木，嫩茎叶可食。

（三十八）伞形科（Umbelliferae）

本科有天胡荽［（*Hydrocotyle sibthorpioides* Lam.）（*Hydrocotyle rotundifolia* Roxb.）］、直刺变豆菜（*Sanicula orthacantha* S. Moore.）、白苞芹（*Nothosmyrnium japonicum* Miq.）、少花水芹［*Oenanthe benghalensis*（Roxb.）Kurz］和水芹［*Oenanthe javanica*(Bl.)DC.] 5 种，多年生草本。天胡荽嫩叶茎可食，全草药用；直刺变豆菜嫩全株可食；白苞芹地下茎可食，根药用；少花水芹和水芹嫩全草可食，全草药用；水芹根可药用，可栽培。

（三十九）杜鹃花科（Ericaceae）

本科有5种，杜鹃（*Rhododendron simsii* Planch.）为落叶灌木，花可食，根入药；刺毛越橘（*Vaccinium trichocladum* Merr. et Metcalf）为常绿小乔木，成熟浆果可食；米饭花［*Vaccinium sprengelii*(G. Don)Sleumer］和乌饭树（*Vaccinium bracteatum* Thunb.）为常绿灌木，成熟浆果可食；江南越橘（*Vaccinium mandarimorum* Diels）为常绿灌木至小乔木，成熟浆果可食，果及叶药用。

（四十）柿树科（Ebenaceae）

本科有2种，油柿（*Diospyros kaki* var. *sylvestris* Makino）为乔木，老鸦柿（*Diospyros rhombifolia* Hemsl.）为灌木。2种成熟果实可食。

（四十一）山矾科（Symplocaceae）

本科有山矾（*Symplocos caudata* Wall. ex A. DC.）1种，乔木，嫩叶可食。

（四十二）萝藦科（Asclepiadaceae）

本科有牛皮消（*Cynanchum auriculatum* Royle ex Wight）1种，多年生缠绕草本，嫩叶和块根可食；根药用，可栽培。

（四十三）旋花科（Convolvulaceae）

本科有马蹄金（*Dichondra repens* Forsrt.）1种，多年生草本，嫩全株可食，全草药用。

（四十四）马鞭草科（Verbenaceae）

本科有 4 种，豆腐柴（腐婢）（*Premna microphylla* Turcz.）为落叶灌木，嫩叶可食，根、茎、叶药用；牡荆［*Vitex negundo* L. var. *cannabifolia*（Sieb. et Zucc.）Hand. - Mazz.］为落叶灌木或小乔木，嫩叶可食，茎、叶和种子药用；大青（*Clerodendrum cyrtophyllum* Turcz.）为灌木，嫩茎叶可食，根、叶药用，可栽培；浙江大青（*Clerodendrum kaichianum* Hsu.）为灌木或小乔木，嫩茎叶可食，根、叶药用，可栽培。

（四十五）唇形科（Labiatae）

本科有 9 种，京黄芩（*Scutellaria pekinensis* Maxim.）和石荠苧｛［*Mosla scabra*（Thunb.）C. Y. Wu. et H. W. Li］［*Mosla punctata*.（Thunb.）］｝为一年生直立草本，嫩叶可食，石荠苧全草药用；活血丹｛［*Glechoma longituba*（Nakai）Kupr.］（*Glechoma hederacea auct. non* L.）｝、草石蚕（甘露子）（*Stachys sieboldii* miq.）和硬毛地瓜儿苗（*Lycopus lucidus* var. *hirtus* Regel）为多年草本。活血丹嫩茎叶可食，全草药用；草石蚕地下茎可食，全草药用，可栽培；硬毛地瓜儿苗嫩叶和地下茎可食，全草药用，可栽培。紫苏［*Perilla frutescens*（L.）Britton var. *arguta*（Benth.）Hand. - Mazz.］、回回苏［*Perilla frutescens* var. *crispa*（Thunb.）Decne.］、野紫苏［*Perilla frutescens* var. *acuta*（Thunb.）Kudo］为一年生草本。紫苏嫩叶和种子油可食，茎、叶及种子药用，可栽培；回回苏和野紫苏茎叶可食，全草药用。

（四十六）车前科（Plantaginaceae）

本科有车前（*Plantago asiatica* L.）1 种，多年生草本，嫩茎叶可食，全草及种子药用，可栽培。

（四十七）茜草科（Rubiaceae）

本科有 2 种，栀子（*Gardenia jasminoides* Ellis）为常绿灌木，花可食，果实及根药用，可栽培；毛鸡矢藤［*Paederia scandens* var. *tomentosa*(Bl.)Hand. - Mazz.］为柔弱半木质缠绕藤本，嫩茎叶可食，全草药用。

（四十八）败酱科（Valerianaceae）

本科有败酱［*Patrinia villosa*(Thunb.)Juss.］1 种，多年生草本，嫩茎叶可食，茎叶药用，可栽培。

（四十九）葫芦科（Cucurbitaceae）

本科有大苞赤瓟［*Thladiantha calcarata*(Wall.)Clarke］和长叶赤瓟（*Thladiantha longifolia* Cogn.）2 种，攀援草本，嫩叶可食。

（五十）桔梗科（Campanulaceae）

本科有 3 种，羊乳（*Codonopsis lanceolata* Benth. et Hook. f.）为多年生缠绕草本，块根食、药兼用；铜锤玉带草［*Pratia begoniifolia*(Wall.)Lindl.］为多年生草本，嫩全株可食，全草药用；卵叶半边莲（*Lobelia zeylanica* L.）为多汁小草本，嫩茎叶可食。

（五十一）菊科（Compositae）

本科有 38 种，地胆草（*Elephantopus scaber* Linn）、马兰［*Kalimeris indica*(L.)Sch. - Bip.］、三脉紫菀（*Aster ageratoides* Turcz.）和陀螺紫菀（*Aster turbinatus* S. Moore）为多年生草本，嫩茎叶可食，全草药用，马兰根或全草药用；小飞蓬（小白酒草）［*Conyza canadensis*(L.)Cronq.］、多茎鼠曲草［(*Gnaphalium polycaulon* Pers.)(*Gnaphalium indicum* Auct. *non* L.)］、宽叶鼠曲草｛(*Gnaphalium adnatum* Wall.)［*Anaphalis adnata*(Wall.)

DC.]} 和豨莶（*Siegesbeckia orientalis* L.）为一年生草本，嫩茎叶可食，小飞蓬和豨莶全草药用；白背鼠曲草（细叶鼠曲草）（*Gnaphalium japonicum* Thunb.）为多年生草本，嫩苗可食，全草药用。鼠曲草［（*Gnaphalium affine d*. Don）（*Gnaphalium multiceps* Wall.）］为二年生草本，嫩苗可食，全草药用；苍耳［（*Xanthium sibiricum* Patr.）（*Xanthium strumarium* L.）］为一年生草本，成熟果实可食，苍耳子及全草（去根）药用。菊芋（*Helianthus tuberosus* Linn）、野菊〔［*Dendranthema indicum*（L.）Des Monl.］（*Chrysanthemum indicum* L.）〕和甘菊〔［*Dendranthema lavandulifolia*（Fisch. ex. Trautv）Ling et Shih］［*Chrysanthemum lavandulifolium*（Fisch. ex trautv.）Makino.］〕为多年生草本，菊芋块茎可食，叶可药用，可栽培；野菊嫩茎和花可食，花及全草药用，可栽培。甘菊嫩茎叶可食。石胡荽［*Centipeda minima*（L.）A. Braun et Ascher.］为一年生小草本，嫩茎叶可食，全草药用。红番苋［*Gynura bicolor*（Roxb.）DC.］、牡蒿（*Artemisia japonica* Thunb.）、艾蒿（*Artemisia argyi* Levl. et Vant.）、野艾蒿（细叶艾）（*Artemisia lavandulaefolia* DC.）、深绿蒿（*Artemisia atrovirens* Hand. -mazz.）和小叶蓬蒿（*Artemisia tancea* Van.）为多年生草本，嫩茎叶可食，红番苋茎叶药用，可栽培；野艾蒿根、茎、叶药用；小叶蓬蒿全草药用。梁子菜［*Erechtites hieraciifolia*（L.）Raffin］为直立草本，嫩茎叶可食。蒲儿根（*Senecio oldhamianus* Maxim.）为一或二年生草本，嫩茎叶可食。千里光（*Senecio scandene* Buch. - Ham.）、浙江橐吾（*Ligularia chekiangensis* Kitamura）、小蓟（刺儿菜）［*Cephalanoplos segetum*（Bunge）Kitam.］、大蓟（*Cirsiun japonicum* DC.）、绿蓟（*Cirsiun chinense* Gardn. ee. Champ）、线叶菊［*Cirsium lineare*（Thunb.）Sch. - Bip.］和大丁草［*Leibnitzia anandria*（L.）Nakai］为多年生草本，嫩茎叶可食，千里光地上部分药用，可栽培；小蓟和大蓟全草或根药用。多裂齿果菊［*Pterocypsela laciniata*（Houtt）Shih.］和翅果菊［*Pterocypsela indica*（Linn）Shih.］

为二年生草本，嫩茎叶可食；台湾翅果菊［*Pterocypsela formosana*(Maxim.) Shih.］为一年或二年生草本，嫩全草可食；黄鹌菜［*Youngia japonica*(L.) DC.］为一年生草本，嫩全草可食；齿缘苦荬菜［*Ixeris dentata*(Thunb.) Nakai］、细叶苦荬菜（*Ixeris gracilis* Stebb.）和平滑苦荬菜［*Ixeris laevigata*(Blume) Sch－Bip.］为多年生草本，嫩全草可食。多头苦荬（*Ixeris polycephala* Cass.）为一年或二年生草生，嫩全草可食。

（五十二）水鳖科（Hydrocharitaceae）

本科有有尾水筛［*Blyxa echinosperma*（C. B. Clarke）Hook. f.］1种，沉水草本，嫩茎可食。

（五十三）禾本科（gramineae）

本科有9种，苦竹［*Pleioblastus amarus*(Keng) Keng f.］、大节竹（算盘竹）（*Indosasa glabrata* C. D. chu et C. S. Chao.）、石竹（*Phyllostachys nuda* McClure）、水竹（*Phyllostachys heeeroclada* Oliv）、花哺鸡竹（*Phyllostachys glabrata* S. Y. Chen et C. Y. Yao）、桂竹（*Phyllostachys bambusoides* Sied. et Zucc.）、白荚竹（*Phyllostachys bissetii* McClure）和东阳青皮竹（*Phyllostachys virella*. Wen.）嫩笋可食或加工成笋干，石竹、水竹、花哺鸡竹、桂竹和东阳青皮竹可栽培；白茅［*Imperata cylindrica*(L.) Beauv. var. *major*(Nees) C. E. Hubb］为多年生草本，根可食，根茎、花穗药用。

（五十四）鸭跖草科（Commelinaceae）

本科有水竹叶［*Murdannia triquetra*(Wall.) Bruckn］1种，多年生水生或沼生草本，嫩全草可食，全草药用。

（五十五）雨久花科（Pontederiaceae）

本科有2种，鸭舌草（*Monochoria vaginalis*）为水生草本，

嫩茎叶可食，全草药用；窄叶鸭舌草［*Monochoria vaginalis* var. *plantaginea*(Roxb) Solms］为一年生沼生草本，嫩茎叶可食，全草药用。

（五十六）百部科（Stemonaceae）

本科有大叶百部（*Stemona tuberosa* Lour.）1 种，多年生攀援性草本，块根食、药兼用。

（五十七）百合科（Liliaceae）

本科有 5 种，紫萼［*Hosta ventricosa*(Salisb.)Stearn］嫩茎叶可食，根状茎药用；百合（*Liiium brownii* F. E. Brown var. *viridulum* Baker）鳞茎食、药兼用；薤白（*Allium macrostemon* Bunge）抽花茎之前的叶和鳞茎可食，鳞茎药用；多花黄精（*Polygonatum cyrtonema* Hua）根状茎食、药兼用；拨葜（*Smilax china* L.）为落叶攀援灌木，嫩茎叶可食，根、茎、叶药用。

（五十八）薯蓣科（Dioscoreaceae）

本科有 2 种，日本薯蓣（*Dioscorea japonica* Thunb.）为缠绕藤本，薯蓣（山药）（*Dioscorea opposita* Thunb.）为草质缠绕藤本，2 种块茎食、药兼用。

三、开发利用

（一）人工试种

20 世纪 90 年代对市场上常见的食药兼用的败酱、大青进行人工栽培试验。通过不同海拔、不同播种期，采用地膜覆盖等技术，获得了成功。南田镇西岭村种植大青，亩[①]产 1 600 千克，亩收入

① 亩为非法定计量单位，1 亩≈667 米^2。——编者注。

3 000元。大峃镇沙垟村栽种败酱，亩产 3 000 千克，亩收入 5 300 余元。人工栽培的野菜具有鲜嫩的特点，市场销路特别好，深受消费者欢迎。

（二）加工利用

1. 民间传统加工利用　在漫漫的历史长河中人们有“采蓝”“采菲”“采薇”“采艾”的习惯，对无毒、无苦涩味的野菜进行腌制。如蕨菜、蕺菜，用糖醋浸渍后十分可口，既不失去它的香味，还可保持大量的维生素。野菜可以先经开水烫煮，后晒成干菜或盐腌。如蕨菜可加工成鲜蕨、蕨干、蕨笋（切成短段与笋片用盐拌匀装在竹筒里腌制而成）等。

2. 小型加工利用　20 世纪 90 年代，文成县南田经济开发总公司开发了 0.5 千克袋装野菜产品。如败酱干（俗名苦菜）、白栎腐干（俗名苦肚、橡仁）、大节竹竹笋干（俗名小笋干）和野生蘑菇干等系列产品。年总产量 16 吨，产值 64 万元。文成县兴达酿酒厂在米酒中加入拔葜（金刚刺顶）、鱼腥草等野菜加工酿制成的“金刚酒”，有清肺、消炎、解毒之功效，年总产量 10 吨，总产值 12 万元。2016 年，慕研网络收购销售“刘伯温”牌白栎腐干（俗名苦肚、橡仁）10 多万元，产品主要销往湖南、江西等地。

3. 保鲜加工利用　20 世纪 90 年代，文成县亨哈山珍食品有限公司以蕨菜为原料，开发了“享哈”牌野生小包装食品，具有清凉解毒、促进肠胃蠕动和降血压、降血脂、降胆固醇，促进人新陈代谢，预防癌变等功效，产品一上市，就迅速占领市场，并登上了大城市宾馆、酒楼的筵席。侨胞回国探亲总少不了要带些蕨干或袋装蕨菜、败酱干等回去，在第二届中国科技精品展览会上评为金奖。继“野生蕨菜”之后，又积极开发了“宝塔笋顶”等十多个产品，形成了“享哈”山珍系列产品，3 年累计产值近千万元，创税利 80 万元，创收外汇 50 万美元，为农民增加 400 多万元收入，成为浙江省最大的野生蔬菜加工企业，被浙江省政府批准列入首批“百龙工程”。2016年，加工销售白栎腐干、白栎粉皮（俗名苦肚、橡仁）、蕨菜干、硬毛地瓜儿苗（生地）干等180吨480万元，主要销往省内的杭州、温州、嘉兴及省外的山东、深圳、上海等地。

现代社会，人们喜欢尝点野菜，体验返璞归真的情趣，野菜越来越被人们所认可，野菜的开发前景十分广阔。

第三章 植物学特征

一、铜锤玉带草

俗名白露地、白落电、白落地。分布广，常成片生长在海拔450～650米的宅边、路边、草坡或疏林中。

（一）植物学特征

属桔梗科多年生草本。有多数须状根。茎匍匐，长可达2米左右，自基部多分枝，节上生根，略呈方形。叶互生；叶片圆形或心状卵圆形，长1～2厘米，边缘有浅齿。花单生叶腋；花萼钟形，具5齿；花冠淡紫色，5裂，二唇形。浆果椭圆形，果柄长1～2厘米，小铜锤状，初为黄绿色，后转为蓝紫色。种子多数。

（二）利用价值

具有较高的营养价值和保健价值，且风味独特，颇受人们青睐。一般采其嫩全株，清洗后炒蛋、做蛋汤，还可当茶饮，清香怡人。全草入药，味淡，性凉，具利水消肿、解毒的功效。果实味苦、涩，性微温，能补肾、强精。可栽培。

二、白花败酱

又名败酱，俗名苦菜、苦胆、大号苦菜。抗性强，适应性广，茎叶茂盛，常连片生长在海拔100～700米的山坡灌丛、草地及宅旁、沟边等阴湿处。

（一）植物学特征

属败酱科多年生草本。高 50～100 厘米。有根状茎，长而横走，偶在地表匍匐生长，茎直立，上部有时有分枝，茎枝被倒生粗白毛，毛渐脱落。基生叶丛生，宽卵形或宽披针形，边缘有粗齿；茎生叶对生，卵形、菱状卵形或窄椭圆形，先端尾状渐尖，叶绿色，基部楔形下延。叶片有 1～2 对羽状分裂，上部叶片不全裂，或有 1～2 对窄裂片。聚伞花序多分枝，呈伞房状的圆锥花丛，花小，白色。瘦果倒卵形或近圆形，背部有小苞片。花期 9～10 月，果期 10～12 月。12 月后落果，地上茎叶枯死。翌年春暖时宿根萌发新芽，落地种子也萌芽生长。

（二）利用价值

一般采嫩茎叶置沸水中烫漂 2～3 分钟捞出，再以凉水浸泡 1 日，减少苦味即可炒食、做汤或晒成干菜，也可腌渍加工。茎叶入药，有清热解毒、排脓消肿之功效。可栽培。

三、红 番 苋

又名紫背天葵，俗名番苋、紫背菜、红背菜、观音苋、血皮菜。抗性强，适应性广，常生长在海拔 70～500 米的宅旁、路边、园地处。

（一）植物学特征

属菊科多年生草本，高 0.5～1 米。根粗壮，稍肉质。茎多分枝，肉质，带紫色，有细棱，嫩茎被微毛，后变无毛。叶互生；叶片椭圆形或卵形，边缘具不整齐的粗锯齿，有时下部具 1 对浅裂片，先端急尖，基部下延至柄，上面被微毛，绿色，下面无毛，紫色。头状花序盘状，在茎顶排列成疏松的伞房状花序，花序梗远高出茎顶；总苞筒状，总苞片草质 2 层，外层近线形，小苞片状，内层条形，边缘膜质；花黄色，全为两性的管状花；花药基部钝，先端有附片；花柱分枝具长钻形有毛的附器。瘦果矩圆形，扁，有纵线条，被微毛；冠毛绢毛状，白色。花期10～12月。

（二）利用价值

嫩茎叶可食。茎叶入药，性味微甘、辛平，具有活血止血、解毒消肿的功效。可栽培。

四、马 齿 苋

俗名指甲草、大叶马齿苋。适应性广，耐热、耐瘠薄、耐旱，常生长在海拔500～600米的田间、地边、路旁。

（一）植物学特征

属马齿苋科一年生草本。肉质，光滑无毛。茎多分枝，平卧或斜升，长15～35厘米，淡绿色或带暗红色。叶互生，有时近对生，肥厚多汁，叶片倒卵形或楔状长圆形，长10～25毫米，宽5～15毫米，先端钝圆或截形，基部楔形，全缘，上面暗绿色，下面淡绿色或带暗红色，中部稍隆起；叶柄粗短。花3～5朵簇生于枝端，午时盛开，直径4～5毫米，无梗；总苞片4～5，三角状卵形；萼片2，盔形，基部与子房合生；花瓣5，黄色，倒卵状，长圆形，长4～5毫米，先端微凹；雄蕊8～12，花药黄色；柱头4～6裂，花柱连同柱头稍长于雄蕊。蒴果卵圆球形，长约5毫米。种子多数，肾状卵圆形，黑色，表面具小疣状突起。

（二）利用价值

嫩茎叶可食，采后用开水烫软，然后煮汤、炒食或凉拌，也可与其他原料一起做馅，滑爽可口，营养丰富。性寒、味酸，可清热解毒、散血消肿、杀虫杀菌、利水去湿，具有消炎利尿的功效。可栽培。

五、荠

俗名荠菜、荠儿菜、芝柿。适应性广，抗性强，常生长在海拔200～540米的山坡、荒野、田间、杂园地及庭院空地。

（一）植物学特征

属十字花科一年或二年生草本。高20～25厘米，茎直立，有分枝。基生叶丛生，长可达10厘米，大头羽状分裂，顶生裂片较大，侧生裂片较小，狭长，先端渐尖，浅裂或有不规则粗锯齿，具长叶柄；茎生叶狭披针形，基部抱茎，边缘有缺刻或锯齿。总状花序顶生和腋生；花白色。短角果倒三角形或倒心形，扁平，先端微凹，有极短的宿存花柱；种子2行，长椭圆形，淡褐色。花期3～4月，果期4～5月。

（二）利用价值

嫩茎叶可食，营养价值较高，含芳香物质，具独特鲜味，品质好。采后用开水烫后炒食、凉拌、做汤、做馅、煮粥皆可，也可干制或盐渍。全草入药，有利尿、止血、清热明目、消积之功效。可栽培。

六、硬毛地瓜儿苗

俗名生地。适应性广，喜温暖潮湿，不怕涝、耐寒、喜肥。常生长在海拔350～700米的宅旁、山坡、水边、沼泽地。

（一）植物学特征

属唇形科多年生草本。根状茎横走，顶端膨大呈圆柱形，此时在节上有鳞叶及少数须根，或侧生肥大的具鳞叶地下枝。茎高

0.6～1.7米。叶片下面有凹腺点；叶柄极短或无。轮伞花序无梗，球形，多花密集；花冠白色。小坚果倒卵圆状三棱形。

（二）利用价值

营养丰富，地下茎可炒食、做汤、煮粥和烧粉干吃，也可腌泡菜；嫩叶可做汤或炒食。叶苦，性辛微温，全草入药，有活血、行水、益气之功效。可栽培。

七、蕨

俗名山蕨、木蕨。适应性强，分布广，喜湿而不耐旱，生于海拔100～900米的山地荒坡、林缘、疏林下、灌木丛中，生长旺盛，常成片。

（一）植物学特征

属凤尾蕨科多年生枯叶草本。株高30～120厘米。叶片幼时卷曲，成熟时伸展，呈阔三角形或矩圆状三角形。叶色绿，叶片呈三回或四回羽状分裂，全缘或下部有1～3对浅裂片或呈波状圆齿。孢子囊群线形，沿叶边的边脉着生，连续或间断。囊群盖线形，外盖由叶缘反卷而成。叶柄长20～80厘米，基部有锈黄色短毛，上部近光滑。根状茎长而横向生长，黑色，有锈黄色茸毛，以后逐渐脱落。

（二）利用价值

叶营养价值高，未开展并呈卷曲状的带柄嫩叶可食用。采后置沸水中煮3～5分钟捞出，放置凉水中浸泡半天，即可炒食、凉拌或做汤，也可加工成即开即食的袋装蕨菜，亦可干制、盐渍或罐制。根富含淀粉，可制粉皮、粉条及酿酒，有一定的滋补作用。性味甘寒，具有清热、滑肠、降气、祛风、化痰等功效。根状茎有解毒、利尿之功效。可栽培。

八、苹

俗名田字草、水羚羊。分布较广，常生于海拔 450～600 米的水田、旷野和路旁的浅水沟或沼泽地。

（一）植物学特征

属苹科多年生水生浮叶草本。根状茎细长横走，多分枝。叶具长柄，小叶片倒三角形，4 片呈十字形对生，浮出水面；叶脉扇形分叉，网状；孢子果生于叶柄基部，单一而分叉，圆肾形，通长 2～4 个丛集，坚硬，外面有毛。孢子果期 6～9 月。

（二）利用价值

富含胡萝卜素和维生素，嫩茎叶可炒食或做汤。全草入药，清热解毒，利尿消肿。可栽培。

九、豆 腐 柴

又名腐婢，俗名臭黄荆、豆腐木、苦苦辣、哥哥兰、姑哥拉。喜光，耐旱，耐寒，耐瘠薄，对土质要求不严，在贫瘠的土地上也能根深叶茂，分布广，常生长在海拔 100～700 米的向阳山坡、溪谷两旁，以及灌丛或郊野路边等处。

（一）植物学特征

属马鞭草科多年生落叶灌木，高 2～6 米。根灰黄色，根皮常易剥离成薄片状。嫩枝有多细胞的柔毛，老枝变无毛。叶对生，叶有特殊芳香气味，揉之有黏液；叶柄短；叶片卵状披针形、椭圆形或卵形，长 4～11 厘米，宽 1.5～5 厘米，先端急尖或渐尖，基部楔形下延，边缘有疏锯齿至全缘，两面无毛至有短柔毛；叶柄长 0.2～1.5 厘米。聚伞花序组成顶生塔形圆锥花序，几无毛；花萼杯状，长 1.5 毫米，果时略增大，5 浅裂，裂片边缘有睫毛；花冠漏斗状，淡黄白色，长 5～8 毫米，外面有短柔毛和腺点，顶端 4 浅裂，略呈二唇形；雄蕊 4 枚，2 强，着生在花冠筒上部；子房上位。核果倒卵形至近球形，幼时绿色，熟时紫黑色，有宿存花萼。花期 5～6 月，果期 7～10 月。

（二）利用价值

叶可制绿豆腐，供食用。根、茎、叶入药，味苦、涩，性寒，清热解毒，消肿止血。可栽培。

十、大　青

别名青蜂思、秋枫四、青风丝。分布广，常生长在海拔 400～800 米的丘陵、平原、林边和路旁。

（一）植物学特征

属马鞭草科灌木。枝内中髓色白而坚实。叶长椭圆形至卵状椭圆形，长 6～17 厘米，宽 3～7 厘米，顶端尖或渐尖，基部圆形或宽楔形，全缘，无毛；叶柄长 1.5～4.5 厘米。伞房状聚伞花序，顶生或腋生，花有柑橘香味；花萼粉红色，长约 3 毫米，结果时增大，变紫红色；花冠白色，花冠筒长约 1 厘米，顶端 5 裂，裂片长约 5 毫米。果实成熟时蓝紫色，直径 5～7 毫米。

（二）利用价值

嫩茎叶可食。根、叶入药，味微苦，性寒，有清热、凉血、解毒、利尿之效。可栽培。

十一、胡 枝 子

又名白花美丽胡枝子，俗名蔓里梢花。适应性强，分布广，常

应性广。常生长在海拔 300～500 米的林缘、路旁、荒坡及疏林下。

（一）植物学特征

属菊科多年生草本。主根细长，侧根多；根状茎细或略粗，直立或倾斜，茎多数成丛，高 60～80 厘米，绿色，初时微被蛛丝状微柔毛，后毛渐脱落。叶互生，有假托叶，绿色。叶上面初时稍有蛛丝状短柔毛及白色腺点和小凹点，后毛与腺点渐脱落，背面密被灰白色或灰黄色蛛丝状毛，基生叶与茎下部叶卵圆形，长 3～6 厘米，宽 2.5～5 厘米，二回羽状全裂，每侧裂片 3～4 枚，边缘锯齿状。头状花序，花果期 8～10 月。果小，长圆形。

（二）利用价值

嫩茎叶烫漂后可用作蔬菜，或糕点配料，香味浓，品质好。全草入药，有散寒、通经、止血、安胎、清热之功效。

三十、小　　蓟

又名刺儿菜，俗名小号刺菜。分布广，适应性强。常生长在海拔 500 米的荒地、路旁。

（一）植物学特征

属菊科多年生草本。根状茎长，茎直立，高 20～50 厘米，无毛或被蛛丝状毛。叶椭圆形或长椭圆状披针形，长 7～10 厘米，宽 1.5～2.5 厘米，顶端钝尖，基部狭或钝圆，全缘或有齿裂，有刺，两面被疏或密蛛丝状毛，无柄。头状花序，单生于茎端，雌雄异株，雄株头状花序较小，总苞长 18 毫米，雌株头状花序，总苞长 23 毫米；总苞片多层，外层较短，矩圆状披针形，内层披针形，顶端长尖，具刺；雄花花冠长 17～20 毫米，雌花花冠长 26 毫米，紫红色。瘦果椭圆形或长卵形，略扁平；冠毛羽状，先端稍肥厚而弯曲。

（二）利用价值

无苦味和异味，嫩苗采后可直接炒食、做汤、做馅，或用开水焯一下凉拌，也可用其煮粥或腌制。碱性较强，食用时最好用开水焯一下，漂去碱性。全草或根入药，有凉血、消肿、散淤之功效。

三十一、石　竹

俗名乌笋、石笋。耐热性和耐涝性中等，耐寒性和耐旱性较强，抗风和抗病虫能力均强。常生长在海拔 100～120 米的山地、林地。

（一）植物学特征

属禾本科多年生散生竹。秆高 6～8 米，直径 2～3 厘米，节间长 5～19 厘米，部分秆的基部数节呈“之”字形曲折，初时被薄白粉，箨环下被一圈厚白粉，刚解箨时环上部与基部的节均带紫红色，老秆灰绿色，白粉环常较明显宿存；秆环隆起，显著高于箨环。箨鞘淡红褐色，粗糙，脉间具排成细线的紫褐色细点，无毛，密被白粉或白粉块，下部的具黑褐色斑块或云斑，上部的无斑点，箨耳和繸毛无；箨舌狭截状，高 2 毫米左右，先端微波状或齿状，边缘具短纤毛；箨片狭三角形至披针形，淡红褐色至绿色，先端及边缘紫褐色，反转，微皱，基部宽为箨鞘顶部之 1/2。

（二）利用价值

肉质较薄，水分含量低，质脆，味鲜，略带苦味，是制笋干的上好原料。也可将笋置沸水中煮几分钟，捞出浸泡后可烧食。可栽培。

三十二、水　竹

俗名金竹。耐热，耐涝，抗性强，生长旺，适应性广。常生长在海拔 600～800 米的河岸、湖旁、灌丛中或岩石山坡。

（一）植物学特征

属禾本科多年生散生竹。秆高5～8米，直径2～6厘米，节间长15～27厘米，绿色，无毛，节下具白粉；秆环隆起；箨环厚，无色。箨鞘青绿色，边缘带淡紫红色，光滑无毛，无斑点；箨鞘微弱发育，具緣毛；箨舌较弱，高1毫米左右，先端近截平，边缘具极细纤毛；箨片三角形，紧贴杆而直立，绿色，不皱或微皱而略内卷，边缘有稀疏毛，基部宽为箨鞘顶部的1/3～1/2。叶鞘具不明显的叶耳；叶舌甚短；叶片披针形，长7～16厘米，宽10～16毫米，无毛或近无毛。

（二）利用价值

笋无苦味，品质优，宜鲜食，也可加工成笋干。可栽培。

三十三、花哺鸡竹

俗名石竹。喜温怕寒，耐热性强，怕干旱，抗病虫害中等。常生长在海拔470米的灌丛中或向阳山坡。

（一）植物学特征

属禾本科多年生散生竹。秆高6～7米，直径3～4厘米，粗者可达8厘米，初时深绿，无白粉，无毛，节下无粉环，老时灰绿色；秆环稍隆起与箨环同高。箨鞘较薄，淡红褐色至淡黄稍带紫色，具紫褐色小点，并于先端密集成云斑状，无白粉，无毛；箨耳和鞘口緣毛缺如；箨舌宽短，截平形至稍弧形，淡褐色，先端有短纤毛；箨片外翻，皱褶，带状，紫绿色，边缘紫红色至橘黄色。末级小枝着叶2～4枚；叶耳绿色，有密集的绿色緣毛；叶舌高2毫米；叶片较小，长8～11厘米，宽12～20毫米。

（二）利用价值

肉质细，质松脆，品质优，无苦味，鲜食佳，也可加工成笋干或制罐头。可栽培。

三十四、桂　　竹

俗名茅坦竹、摸塘竹。耐热，较耐旱，不耐低温。常生长在海拔100～580米的向阳山坡或灌丛中。

（一）植物学特征

属禾本科多年生散生竹。秆高6～22米，直径3～14厘米，秆壁约厚5毫米；节间长约16～42厘米，初时绿色光亮，无白粉，老秆绿色。箨鞘质较厚，黄褐色，有紫褐色斑点与斑块，无毛或疏生直立脱落性刺毛；箨耳小，1枚或2枚，镰形或长倒卵形，紫褐色，有数枚流苏状繸毛；箨舌微弧形，宽而短，先端有密集的绿紫色纤毛，黄绿色或带紫色；箨片平直或微皱，中间绿色，两侧淡紫红色，边缘橘黄色。末级小枝具叶3～4枚；叶耳边缘有明显的放射状繸毛；叶片长5.5～17厘米，宽11～25毫米。

（二）利用价值

笋味甘甜，可鲜食，善干制。可栽培。

三十五、百　　合

俗名百合头、野百合、百合花。分布广，常生长在海拔100～900米的林地、荒地、山坡及石缝中。

（一）植物学特征

属百合科多年生草本。鳞茎球形，直径约5厘米，鳞茎瓣广展，无节，白色。茎高0.7～1.5米，有紫色条纹，无毛。叶散生，上部叶常比中部叶小，倒披针形，长7～10厘米，宽2～2.7厘米，基部斜窄，全缘，无毛，有3～5条脉，具短柄。花1～4朵，喇叭形，有香味，花被片 6，倒卵形，多为白色，背面带紫褐色，无斑点，顶端弯而不卷，密腺两边具小乳头状突起；雄蕊向前弯，着生于花被的基部；花丝长 9.5～11 厘米，有柔毛，花药椭圆形，丁字着生，花粉粒褐红色；子房长柱形；花柱长 11 厘米，无毛；柱头 3 裂。蒴果矩圆形，有棱，具多数种子。

（二）利用价值

鳞茎含丰富的蛋白质、淀粉、脂肪、胡萝卜素等成分，可制饮料、煮汤，还可做甜食，香味俱佳。鳞茎入药，性味甘、平、微苦，有润肺止咳、定胆、补中益气、清心安神之功效。可栽培。

三十六、薤　　白

俗名野葱、老鸦葱。抗性强，适应广。常生长在海拔 200～850 米的田间、草地或山坡草丛中。

（一）植物学特征

属百合科多年生草本，高 30～60 厘米。地下长近球形白色鳞茎，外部鳞片白色，纸质或膜质。叶 3～5 枚，细长呈管状。叶片基部鞘状，叶色深绿，上被蜡粉；叶鞘绿白色。花茎由叶丛中间抽出，单一，直立，圆柱形，基部由叶鞘包被。伞形花序生于花茎顶端，由小花和无梗的珠芽组成或全为珠芽密聚而成，花微红色或粉红色。蒴果小。开花期 5～6 月，结果期 6～7 月。

（二）利用价值

以抽花茎之前的叶和鳞茎供食用，辛香味浓，品质好，可直接作蔬菜食用，或作菜肴调味品。鳞茎入药，有杀菌、温中、散结气之功效。

第四章 栽培技术

一、铜锤玉带草

铜锤玉带草，俗名白露地、白落电、白落地，属桔梗科多年生常绿柔弱草本植物。常成片生长在宅边、路边、草坡或疏林中。具有较高营养价值和保健价值，且风味独特，颇受人们青睐。一般采其嫩全株，清洗后炒蛋、烧蛋汤等，还可当茶饮，清香怡人。全草入药，含有黄酮类、酚性物质、甾醇、氨基酸，味淡，性凉，具利水消肿、解毒的功效，临床用于急性肾炎、尿路感染、疔疮肿毒等。果实味苦、涩，性微温，能补肾、强精，用于遗精、白带及小儿疳积等。

（一）整地做畦

一般每亩撒施腐熟栏肥 1 500 千克、人粪尿 500 千克、磷肥 100 千克做基肥，施好后，翻土做畦，做畦宽 120 厘米，畦沟深 20 厘米，宽 20 厘米，畦面覆盖一层薄薄的土泥灰。

（二）种苗繁殖

可分株、匍匐茎扦插或播种繁殖，一般于 2 月上旬气温回升时采用匍匐茎扦插繁殖，成活率在 90％以上。

（三）扦插密度

扦插匍匐茎长 6～7 厘米，插入土中 2～3 厘米，株行距 6 厘米×7 厘米，每亩扦匍匐茎 10 万余株。

（四）中耕除草

采用人工拨草方式，每隔一个月拔草一次，以利植株生长。

（五）肥水管理

定植一周后，每亩浇30%的人粪尿1 500千克，以后每采摘2～3次后泼浇一次。定植一个半月后根外追肥一次，可选用3%的磷酸二氢钾喷施，以后一般每隔一个月追施一次。白露地耐阴不耐旱，稍耐寒，视情况而定。

（六）病虫害防治

白露地田间病虫害较轻，仅发现菌核病、地老虎、蚜虫。一般于移栽前每亩用敌松0.25千克，混合人粪尿同时施入做消毒处理；菌核病发病初期用75%达科宁600倍液、50%多菌灵500倍液喷雾，间隔5～7天喷1次，连续喷2～3次；夏季高温高湿时每隔一个月每亩用敌百虫、一遍净各0.1千克喷雾防治地老虎、蚜虫。

（七）降温防雨

夏季炎热天气，覆盖遮阳网降温保湿，并有效地阻挡暴雨对白露地造成的损伤，以利白露地正常生长。

（八）适时采收

一般移栽两个月，匍匐茎20厘米时就能采收嫩茎，一般采收10厘米长的嫩茎叶食用。

（九）越冬管理

当气温下降到10 ℃时覆盖一层农膜保温，减少通风次数和时间，就可安全过冬。最冷的天气一般每隔2～3天通风一次，每次通风10多分钟。管理好的田块一般一次栽培可多年采收，生产上一般一年栽培一次。

二、白花败酱

白花败酱，又名败酱，俗名苦菜、苦胆、大叶苦菜等，属败酱科多年生草本。败酱抗性强，适应性广，常连片生长。茎叶茂盛，多分布于山坡灌丛、草地及宅旁沟边等阴湿处。败酱有抗微生物作用，对病毒有较强的抑制能力，可清热解毒、排脓消肿。煎汁内服可治急性阑尾炎、阑尾脓肿、肝炎等；鲜草捣敷能治痈、疖。民间更多的是在3～10月采其嫩茎叶做菜食用，兼治热症。由于败酱食、药兼用，无农药污染，采食期又长，是一种典型的无公害蔬菜，颇受人们青睐。

（一）整地做畦

一般选择近水源田块，翻土做畦宽80厘米，畦沟深20厘米，宽25厘米。清除杂草，平整畦面。每畦横行打穴2个，株行距40厘米×20厘米。

（二）施足基地

每穴施腐熟栏肥和草木灰少量，折合亩施栏肥1 750千克，草木灰1 500千克。

（三）定植

采用幼苗定植、根状茎扦插繁殖和种子繁殖均可。经试验，幼苗定植返青最快，产量和产值最高。幼苗定植从2～8月均可，最早可提前到年底。采用地膜覆盖，可提早出苗，早期效益相对较高。一般立春后移到生长良好的地方，用锄头连根挖取健壮的幼苗，剪掉顶端的黄茎叶定植，大苗1～2株1穴，小苗2～3株1穴，定植后用土盖平。定植时间以晴天傍晚为佳。

（四）定植后管理

出苗后在畦中央浇施稀薄氮肥，一般每亩施10千克尿素掺水

1 000 千克。注意不沾着根。

田间尚未发现病虫害，不用喷施农药。主要是清除滋生的杂草和肥水管理，一般在每次采收后随即在畦中央浇稀薄氮肥。每次采收后还应除草松土 1 次，建议选用除草剂，天气晴旱时要及时浇水，以保持土壤湿润。

越冬前最后一次收割后，每亩用腐熟的人粪尿拌土泥灰 3 000 千克覆盖。春暖抽芽时再向畦中央浇施稀薄氮肥。据试验，初霜前搭低架塑料棚，能保护茎叶不死。

（五）适时采收

待茎叶长到 10～15 厘米时割收。一般栽植 40 天后可割收一次，以后每隔 30 天割收一次，一年可割收 7～8 次。败酱种植一次，可连续采收十多年，无需重新移栽，只需每年开春后间苗 1 次。采后可漂后鲜食、干制和腌渍。

三、红 番 苋

红番苋，俗名番苋、紫背天葵、红菜、紫背菜、红背菜、观音苋、血皮菜，属菊科三七草属宿根多年生草本植物。民间认为红菜性味微甘辛平，具有活血止血、解毒消肿的功效，用于治疗痛经、血崩、咳血等疾病。另外，将叶片捣碎取汁敷在痈疮可抽脓，敷在脸上可去青春痘，常食可祛脸上斑点，红菜炒蛋可补肾。因具有补血、保胎作用，南方一些地区习惯以此菜作为产妇的主要菜谱之一，所以称之为观音菜或观音苋。此外，经实验表明，紫背天葵中的黄酮类化合物对恶性生长细胞有中度抗效，有延长抗坏血酸作用和减少血管紫癜作用；同时还有抗寄生虫和抗病毒的作用，可增强人体的免疫能力。

（一）产地选择

一般选择微酸性至中性土壤，土层深厚，疏松肥沃，保水保肥能力强，有机质丰富，排灌方便的田块。

（二）育苗

1. 育苗时间 3 月上中旬就可用穴盘育苗。

2. 育苗场所 小拱棚、大棚等都可作为育苗场所。育苗场地应与生产地隔离，防止生产地病虫传入。

3. 苗床消毒 育苗前苗床彻底清除枯枝残叶和杂草，在高温季节利用太阳曝晒或药剂进行土壤消毒。

4. 苗床营养土的比例 椰子壳：鸡粪：壤土为 1：1：8，也可用腐熟有机肥：土泥灰：细沙：壤土为 1：1：1：7。

5. 育苗方式 通常采用茎段扦插繁殖。从植株上剪取生长良好的健壮枝条作插条，每个插条长约 10 厘米，带 5～8 片叶，摘去基部叶片，将插条的 1/2 插入床土，扦插株行距 4～10 厘米。最好采用遮阳网覆盖，防止阳光直射，保持土壤湿润，提高成活率。返苗后可在晴天中午进行摘顶，促使分枝萌发生长。

6. 苗期水分管理 苗期不旱不浇，以控水为主。如低温季节幼苗缺水可在晴天中午用壶喷点水，严禁浇大水。

（三）定植

1. 整地做畦，施足基肥 定植前深翻耕土壤，使其疏松，同时施足基肥，每亩施入腐熟有机肥 2 000～3 000 千克。整地做畦，一般做畦宽 120 厘米，沟宽 30 厘米。

2. 定植时间 3 月底至 4 月初就可选壮苗定植。

3. 定植密度 每畦二行，株距为 30～40 厘米，每亩种植 2 200～3 000株。定植应选择晴朗天气午后、阴天或雨后进行。定植后随即淋透定根水，若遇连续高温或光照强的天气，要每天淋水，并要防止过高的土温灼伤倒地。

（四）定植后管理

1. 肥水管理 一是要结合浇定根水，施定根肥，促进早发棵。

肥料可选择腐熟的人畜粪水或复合肥，一般每亩兑水淋施复合肥5～8千克。红菜生根快，根系发达，施用定根肥可促使幼苗在次日或第3天吸收到养分。二是要追肥。一般应掌握在采摘前30～35天追肥，追肥量以腐熟的人畜粪水150千克或尿素5千克兑水500千克为佳。

红菜耐旱，但叶片生长繁茂，水分蒸发量大，注意适当补充水分。但要防止涝渍，高温多雨季节应及时清沟排水。

2. 松土培土与中耕除草　一般种植2～3天后即要查苗、补苗，力争全苗。在生长前期，茎蔓未封垄，杂草较多，且土壤常因浇水和受雨水冲刷而板结，应结合除草进行松土和培土。一般植株封行前进行1～2次中耕除草，晴天进行，以利保水保墒和土壤通气性。封行后不宜中耕，但仍需松土、培土。红菜生长期长，茎节部根常裸露，应每隔1个月培土1次。培土宜在晴天进行，将垄沟的积土松起，压碎，渗入有机肥，均匀地覆盖在垄面。

（五）植株调整

红菜生长旺盛，生长后期茎叶交叠，不利于通风及田间操作，当枝条过密、过高及生长明显减弱时，须进行修剪调整。

（六）病虫害防治

红菜抗性好，病虫害少，仅见蚜虫、斜纹夜蛾危害。

1. 清洁田园　生产过程中要及时摘除病枝、残叶，带出田外深埋或烧毁，减少传播源。及时铲除田园、田埂、田后墙杂草，并集中处理。

2. 物理防治

（1）利用防虫网纱、遮阳网等各种功能膜降温、抑虫、除草。

（2）利用频振式杀虫灯诱杀成虫。

（3）用黄板诱蚜　可在颜色鲜艳的黄板上涂上机油，悬挂于保护地或大田，高度约50厘米，可以降低田间蚜虫密度。

（4）用银灰色薄膜避蚜　在苗床四周铺17厘米宽银灰色薄膜，

上方每隔1米悬挂3～6厘米银灰色薄膜，避蚜防病效果好。

3. 化学防治

（1）蚜虫。蚜虫繁殖快，要及时在田间蚜虫发生初期进行防治，连续用药2～3次，交替使用。一般选用20%康福多浓可溶剂8 000倍液，10%一遍净可湿性粉剂2 000倍液，2.5%溴氰菊酯（敌杀死）乳油3 000倍液。

（2）斜纹夜蛾。对斜纹夜蛾的防治要注意在2龄期虫害没有扩散时进行。一般可选用2.5%三氟氯氰菊酯乳油1 000～1 500倍液、或5%定虫隆乳油1 500～3 000倍液喷施防治。

（七）高温季节管理

高温季节可覆盖遮阳网、防虫网纱，降低大棚内的温度，并有效地阻挡暴雨对野菜造成的损伤，以利野菜正常生长。

（八）低温季节管理

1. 增强抗性 应及时去除老枝、弱枝、病枝，结合中耕培土，增强植株抗冻性。

2. 四层膜保温防冻 红菜喜温，当外界气温低于5℃就会停止生长，在冬季遇霜冻，植株地上部会干枯或因冷害而生长不良。适时在大棚膜内加一层二道膜，再加一层中棚膜（2畦一膜，也称小弓棚膜）及地膜共四层膜覆盖保温，能达到周年上市供应的目的。

3. 适时通风换气 适时通风换气，降低棚内湿度，降低冻害。通风换气时间可视天气而定，一般是上午9时揭膜，下午4时覆膜。揭膜顺序：首先揭大棚二门膜，再揭二道膜，后揭中棚膜。覆膜顺序：中棚膜→二道膜→大棚二门膜。

（九）适时采收

红菜通常在主茎长15～20厘米时可采收嫩茎上市。先收获顶梢，使侧枝迅速萌发、封行，以后每次采收嫩梢，保留1～2片基叶。采收标准为三叶一心至四叶一心，5～15厘米长。采收时应避免损伤嫩叶，以免产品发黑，影响外观，同时宜松散排放，防止发热而灼伤嫩梢芽点和嫩叶。如冬季霜冻天气少，则可四季采收。采收可每天进行，早上采收较下午采收好。

四、马齿苋

马齿苋，俗名指甲草、大叶马齿苋、台湾马齿苋、长命菜（台湾）、瓜子菜，为马齿苋科马齿苋属一年生草本植物。耐寒性弱，耐热性较强，耐旱性强，但怕水涝，抗病虫性强。马齿苋食、药兼用，其嫩茎叶可炒食、做汤、做馅，还可做羹汤或凉菜拌等，酸度适中，清脆可口，味道好。其全草入药，有清热解毒、散血消肿、杀虫杀菌、利水去湿、消炎利尿的功能，可治菌痢、小儿百日咳、尿道炎等。

（一）整地施肥

一般在整地前每亩施 1 500～2 000 千克腐熟栏肥做基肥，均匀撒布地面，耕深 25 厘米，细耙，平整土面，作宽 1.3 米、高 10～20 厘米的畦。

（二）适时播种

一般春播在 4 月中、下旬，秋播在 10 月中、下旬。也可以春季用保护地栽培，以提早成熟。马齿苋种子细小，播种方法用撒播或条播为好。株行距保持在 9～10 厘米。每亩用种量 1 千克左右，播后 30 天即可采收，春季播种可采收到秋季。冬季可用保护地栽培，但对温度要求较高，须保持在 20～25 ℃。马齿苋开花后，其叶变老，不宜食用，可作饲料。露地生产，秋季任其种子自行散落在地面，次年春季即可萌芽生长。

（三）田间管理

1. 间苗补苗　直播畦应及时间苗，以免幼苗生长过密、纤细柔弱。于苗高 5～6 厘米和 10～12 厘米时，各间苗 1 次，并追肥 1

次，保持株距10～12厘米。如有缺苗，用间出的幼苗补齐。

2. 中耕除草 在两次间苗时及时除草、松土，拔除田间杂草，以后视土表情况和杂草多少确定松土、除草次数。

3. 肥水管理 欲使马齿苋长得肥嫩，还要施入一定量的人粪肥，并在生长旺季补充一些氮肥。马齿苋耐旱力强，一般情况下不需要浇水，只在特别干旱时适当浇水，补充一些水分，促使生长。马齿苋怕水涝，如降水量过多，必须及时排出积水，以免引起病害。

4. 植株修剪 马齿苋为一年生植物，每年进入6月便开始现蕾开花。为保持其产量和质量，应把顶端现蕾部分摘除，使其长出新的分枝。为使下一年继续生长，也可适当留一部分花蕾开花结籽，然后自然落在地里，第二年春季萌发生长，这样栽种1次，可连续生长几年，不必每年种植。需要注意的是它具有野生特性，如不加以控制则会无限制的蔓延而变成杂草。所以每年春天马齿苋长出来以后，要细心检查种植畦块外周围的地方，发现马齿苋幼苗应完全彻底拔除，以免为害其他作物。

(四) 适时采收

马齿苋只有在开花前采摘才能保持其鲜嫩，新长出的小叶是最佳食用部分，所以在早春未现蕾前可摘食全部茎叶。进入现蕾期，不断摘除顶尖，促进营养生长，阻止其开花结籽，这样就可以连续采摘新长出的嫩茎叶，直到霜冻。一旦开花，生长就停止，茎叶即变老，可作畜禽饲料。

五、荠

荠，又名荠菜、荠角菜、荠儿菜，为十字花科荠菜属一、二年草本植物。荠菜属耐寒性蔬菜，喜冷凉气候。

(一) 品种选择

宜选择大叶荠菜和散叶荠菜等品种，一般亩产量1 000～

1 250 千克，抗寒和耐热力强、早熟、生长快，外观商品好、风味鲜美。

（二）整地施肥

荠菜地尽量选择土质疏松、排灌方便、肥沃的壤土。播前亩施腐熟有机肥 2 500 千克，进口复合肥或蔬菜型 BB 肥 40 千克左右，浅翻耙平，做成宽 1.2～1.5 米、高 25 厘米平畦，理好排水沟。如保护地栽培要搭好大、中棚。提倡连片种植，合理轮作，避免连作。

（三）适时播种

春播露地栽培 2 月下旬至 4 月下旬；秋播露地栽培 8 月至 10 月上旬。应用设施栽培有利于荠菜周年供应，实现高产高效的目的。春播亩用种量 0.75～1.0 千克，秋播亩用种量 1.0～1.25 千克。一般用干籽撒播方法，如畦背干燥，先浇水，水渗下后撒种，覆细土和土泥灰 1 厘米：如畦背湿润，可不浇水，撒种后浅耙，镇压，使泥土与种子密接，有利出苗。为确保齐苗，最好用隔年种子。

（四）及时除草

播后芽前用化学除草，每亩用 60％丁草胺 400 克或 72％都尔 400 克兑水 50～75 千克地面喷雾湿润。苗后采收前及时中耕除草，做到拔早、拔小。

（五）水分管理

荠菜生长过程要保持土壤湿润。出苗前，防止大雨淋渗；出苗后，如土壤干旱要适当浇水，一般每 5～7 天 1 次。雨季应及时排水防涝。

（六）科学追肥

施肥要按照 A 级绿色食品肥料使用准则（NY/7394—2000）。

荠菜生长期短，春播一般追肥 2 次，即第一次在 2 片真叶时，第二次在采收后追肥。每次亩施腐熟人尿液 750 千克或尿素 5 千克左右。秋播栽培，追肥 4 次左右，可每采收一次追肥一次。

（七）病虫防治

荠菜病害主要有霜霉病、白斑病，虫害主要有蚜虫等。防治时要按照 A 级绿色食品农药使用准则（NY/7393—2000），综合应用农业、生物、物理、化学防治方法。化学防治药剂推荐如下。

1. 霜霉病 亩用 75%百菌清 600 倍液，或 75%克露 600 倍液。

2. 白斑病 亩用 50%多菌灵 800 倍液、或 80%大生 500 倍液。

3. 蚜虫 亩用 10%吡虫啉 20 等，注意安全间隔期和用药量。

（八）适时采收

播种后 35～45 天即可分批收获，采收时拔大留小，按订单质量标准选择大苗连根拔出，先采密，后采稀，留小苗继续生长。

六、硬毛地瓜儿苗

硬毛地瓜儿苗，当地农民称之生地，属唇形科多年生草本植物。其适应性广，生长在园边、坡地、庭院前后，在浙江、安徽等地有野生分布。适宜温暖湿润的气候，不怕涝、耐寒、喜肥，生长适温 18～30 ℃，冬季地上部分枯死，露地越冬。生地是我国重要的中药材植物之一，全草均可入药。其味苦、性辛、微温，具有活血、行水、益气的功效，可用于治疗吐血、鼻出血、产后腹痛、痈肿等症。尤其是地下茎具有重要食疗作用，炖、烧、炒、腌皆宜，是一种菜药兼用的野生保健蔬菜。

（一）选地整地

生地根系分布广和深，宜选择土层深厚、疏松、肥沃、保肥保水能力强、排灌方便、地下水位低的砂壤土田、园种植，前作以豆科、禾本科等作物为好，忌连作。在 11 月前深翻土地 25～30 厘米，耙细作龟背畦宽 170 厘米，沟 25～30 厘米，高 15～20 厘米，有利排水。

（二）选种直播

生地无性繁殖，易退化，因此科学留种是关键。于 12 月选择当年种植、新鲜健壮、无病虫害、无伤痕、粗 2.5 厘米以上的根茎为种苗，预放在干燥、温暖处待种，每亩用种量 70～75 千克。最佳种植时间为 12 月中旬至翌年 1 月上旬，最迟不超过 1 月下旬。采用直播穴栽方式省工省力，农民易接受。一般株距 60～70 厘米，行距 45～50 厘米。播种前，每亩穴施优质腐熟有机肥 750～1 000 千克，肥料不能接触种根。覆盖土层厚度为 7～10 厘米，然后每亩用 60% 丁草胺 100 毫升兑水 50 千克喷雾，可防除禾本科杂草，最后覆盖地膜，以提早出苗、提高产量和减少杂草的生长。

（三）田间管理

1. 及时掀膜　生地出苗后需及时掀膜，以防烫伤幼苗。

2. 中耕培土　在 5～6 月中耕除草培土清沟 1～2 次，促进地下茎生长。

3. 肥水管理　结合培土，每亩施（16－16－16）复合肥 25～30 千克作追肥，促根茎膨大，如遇严重干旱天气，要及时灌水防旱。

4. 采摘花蕾　在“立秋”边及时摘除花蕾，以减少养分消耗。

5. 竹枝扶持　对植株生长高大的田块，及时用竹枝、竹片等固定扶正，以防倒伏。

（四）综合防治

生地的病虫害主要有“二虫二病”，即蚜虫、地下害虫和斑枯病、根腐病。要严格按照 DB33/T 291.2—2000 无公害蔬菜生产技术准则，优先采用农业、生物、物理的防治措施，防治无效时采用化学防治，每隔 7～10 天喷 1 次，连续使用 2 次，掌握安全间隔期，确保产品无公害。

1. 蚜虫 用 10%一遍净 2 000 倍液或 40%乐果 500 倍液喷雾防治。

2. 地老虎等害虫 用 50%辛硫磷 1 000 倍液浇根防治。

3. 斑枯病 用 70%代森锰锌 500 倍液喷治。

4. 根腐病 用 70%甲基硫菌灵 1 000 倍液喷治。

（五）适时收获

一般在 10 月至翌年 1 月之间采收，为争取市场高价位，要做好及早采挖上市工作。采收时要避免雨淋、日晒及伤根，确保商品外观良好。

七、蕨

蕨，别名山蕨、蕨菜、木蕨等。为凤尾蕨科多年生枯叶草本植物。蕨适应性较强。多分布于山地荒坡、林缘、疏林下、灌木丛中，生长旺盛，常成片。蕨菜是我国主要的野菜蔬菜，被称为山珍之王，每百克鲜嫩叶中含蛋白质 1.6 克、脂肪 0.4 克、碳水化合物 10 克、粗纤维 1.3 克、维生素 C 35 毫克、胡萝卜素 1.68 毫克、钙 24 毫克、磷 29 毫克、铁 6.7 毫克、及锰、铜、锌等微量元素。蕨菜还含有 16 种以上的氨基酸。根状茎富含淀粉，最高者可达 46%，可作为粮食，或制粉条或酿酒等。蕨菜性味甘寒，具有清热、滑肠、降气、祛风、化痰等功效，可治食膈、气膈、肠风热毒症。蕨菜根状茎也可药用，有解毒、利尿的功效。蕨根所提取的淀粉（称为蕨粉）有一定的滋补作用。

（一）选地

选择遮阴、湿润、土质肥厚、比较疏松的地块，进行翻耕，清除杂草。

活率可达 91.7%，而枝插成活率仅 70%～85%。

3. 适时揭膜 插穗生根后选阴天或小雨天去掉拱棚上塑料膜。利用扦插繁殖可以迅速培育幼苗，扩大栽培面积。豆腐柴植株栽培管理粗放。

（四）加工技术

4～11 月采摘幼嫩的豆腐柴叶片，剔除杂质，清水洗净甩干，加水（1∶5）搓揉，直至泡沫泛起，汁液碧绿，手感油腻，用干净纱布将之过滤于盆中。另取少量草木灰加水少许混匀，直接过滤于豆腐柴滤液中。用手或筷子搅匀，当滤液逐渐变黏，感觉有阻力时，静置 10～20 分钟，即凝结成块，清鲜嫩绿，状如绿豆腐或果冻。可凉拌、烧汤。

十、大　　青

大青，别名青蜂思、秋枫四、青风丝，为马鞭草科灌木。全县各地均有分布，生长在海拔 400～800 米的丘陵、平原、林边和路旁。以嫩茎叶为食用部分。大青的根、叶入药，味微苦，性寒，有清热、凉血、解毒、利尿之效，主治菌痢、咽喉炎、扁桃腺炎、黄疸、丹毒、偏头痛、虫咬、蜂蛰等症，用于流感、流行性腮腺炎、乙脑、麻疹肺炎、传染性单核细胞增多症、急性黄疸型肝炎、咽喉炎。大青为伞房状聚伞花序，顶生或腋生，花有柑橘香味；花萼粉红色，结果时增大，变紫红色；花冠白色，是适宜发展的一种观赏绿化花卉。

（一）栽培季节

小苗早春 1～3 月移栽。

（二）整地做畦

定植前需深耕晒垡 7 天以上，施足底肥，可施于畦中沟或打穴深施。平整后做畦宽 90～100 厘米，畦高 25 厘米。

（三）定植密度

行距 65～70 厘米，株距 50 厘米。

（四）肥水管理

定植后要保持较高的空气和土壤湿度。定植成活后，结合浇水，追 1～2 次提苗肥，每次每亩施人粪尿 1 500～2 000 千克或磷酸二铵 10～15 千克。

（五）植株调整

生长中期对生长过旺的植株需剪去基部侧枝和脚叶，加强通气透光。主枝高达 20 厘米左右可摘心，使养分集中促进根系发育。

（六）病虫防治

抗病性较强，很少出现病害。主要害虫有蚜虫、蚂蚁等，可交替用 20％灭扫利 2 000 倍液、2.5％功夫 4 000 倍液喷雾防治。

（七）适时采收

4～5 月初开始采收，可采收至 9 月底。

十一、胡 枝 子

胡枝子，又名白花美丽胡枝子，别名蔓里梢花，为豆科多年生落叶灌木。全县各地均有分布，生于海拔 700 米的山地疏林、灌丛中。适应性强，山区平原都能生长，尤以向阳温暖环境生长较快。以白色花蕾为食用部分。花入药。白花，味甘，性平，镇咳祛痰，用于急慢性气管炎、支气管炎扩张、肺结核、肺脓疡等。白花美丽胡枝子的总状花序腋生，密集，白色，是适宜公路边发展的一种观赏绿化花卉。

（一）繁殖方式

有插条、分株及种子繁殖三种。

1. 插条繁殖　于春季，选1～2年生嫩枝条，约5寸～1尺斜插于土中，即可成活。

2. 分株繁殖　可在清明前将母株旁萌发的幼苗挖出栽植即行。

3. 种子繁殖　一般用于大面积栽培，在寒露至霜降间采籽，至翌年春分前后先用温汤浸种2～3小时，沥干后撒播于苗床上，覆土并盖稻草，苗高2～3寸时，间苗、除草，至翌年春移植。定植后2～3年即可采花。

（二）施足基肥

亩施土泥灰、栏肥600千克，复合肥40千克，穴施。

（三）定植时间

每年2月，定植株行距为4米×4米。

（四）中耕除草

一般于3月下旬、5月中旬、7月下旬中耕除草，促使植株生长。

（五）水分管理

定植后立即浇透定根水，一般为穴浇。为利于植株生长，定植4个月后再沟浇水1次。

（六）适时追肥

定植后一个半月追肥1次，每株沟施土泥灰、猪栏30毫克；定植后3个月再追肥1次，每株沟施复合肥2毫克。

（七）病虫害防治

白花美丽胡枝子自栽培以来没发生过病害，仅见蚜虫危害，一般于定植后2个月、采收前一个半月选用10%吡虫啉可湿性粉剂2 000～3 000倍液喷雾防治即可。

（八）适时采收

9月初即可采收未完全开放的花朵。可鲜食、干制。

（九）冬季管理

为了提高次年的产量，保持品质，冬季在离地10厘米处全部剪除上部枝条，并将留下部分埋入土中，待翌年春季发芽抽枝。如遇冬季气温太低，可覆盖稻草保暖越冬，以利翌年生长。

十二、木　槿

木槿，别名白木槿、千年篱花，为锦葵科木槿属多年生落叶灌木。全国各地均有分布，生长在海拔600米以下的山地疏林中。常栽培于村前、屋边、菜园边作围篱。以白色花蕾为食用部分。每百克鲜花含水94克，蛋白质1.3克，脂肪0.1克，碳水化合物2.8克，钙12毫克，磷36毫克，铁0.9毫克，尼克酸1毫克，并含肥皂草苷（为一种黄酮苷）、多量皂苷及黏液质等。根、茎皮、花、果入药。花，味甘，性凉，凉血、润燥、除湿、清热。皮，味甘，性凉，清热、杀虫。全株入药，有清热、凉血、利尿之功效，用于支气管炎、菌痢、白带过多、皮肤疥癣等。若白花用猪肉炖能补中益气，适用于阴虚咳嗽、体虚、白带、乏力等。木槿的花大形，单生叶腋；花冠钟形，白色，是一种经济价值较高的庭院观赏花木。

（一）繁殖方式

白木槿一般多采用扦插繁殖，扦插时间应选在冬春季枝条开始落叶至枝条萌芽前进行较合适，也可在结合整形修剪时进行，选取1～2年生的健壮、节间短、腋芽明显但未萌动的枝条，剪成10～17厘米长的茎段，插于事前准备好的苗床中（苗床土可用素土，不需施基肥）。每个茎段上要有3个以上的芽，上切口在腋芽以上1厘米处剪平，下切口从腋芽处斜剪成45°。如扦插时白木槿枝条已萌芽长叶，应将新长的叶片摘除，以减少水分的蒸发。扦插的密度15厘米×30厘米，每平方米约22株。扦插入土深度为10～12厘米，即入土深度为扦条的3/4或2/3。插后浇足水，要采取小水漫灌，灌足灌透，切勿放大水以致冲走插条或被淤埋。依气候情况采取保温保湿的措施，扦插苗约30天后会生根发芽。早春扦插的苗当年就会开花。

（二）定植

木槿喜光和温暖潮湿的气候，但对环境的适应力很强，耐热又耐寒，略耐阴，不择土壤，较耐干燥和贫瘠的土地，一般都定植在山地，一次种植多年采收。定植前挖穴并施足基肥，一般亩施腐熟的栏肥5 000千克，配以少量的复合肥，深翻细耙，整平。按株距180厘米×行距250厘米挖穴移苗，每亩定植150株左右。定植时间一般选在2～3月，最好是在阴天进行，定植时要把植株的根部舒展自如，填土踏实，浇足定根水，以后隔2～3天浇1次水。

（三）肥水管理

木槿比较喜肥，在定植后5～7天可施1次稀粪水，当枝条萌动时应及时追肥，促进营养生长。现蕾前应进行追肥，并结合锄草培土施于植株基部，主要追施磷钾肥，促进植株孕蕾。为提高鲜花产量和品质，开花期最好每个月追肥1次，以磷钾肥为主，辅以氮肥，防止叶片过早脱落。开花期如天气干旱，应注意浇水。

（四）修剪

木槿生长迅速，株高可达2～4米，因此，须通过修剪控制株高，便于采摘和田间管理，一般株高控制在0.8～1米。修剪一般在入冬后早春萌芽前进行，剪去迟秋梢，过密枝条及弱小枝条，控制株高。

（五）病虫害防治

木槿生长期病虫害较少，主要易受蚜虫、天牛等危害，应定期检查枝叶，注意早期防治，可采用高效低毒农药，如一遍净、抗蚜威等防治，避免在采花期用药。木槿在大面积栽培时易发生枝枯病，可用多硫合剂防治。

（六）适时采收

木槿花期很长，从7月到10月底，花期长达5个月。采花应在每天早晨进行，一般都在早上10点钟前采收半开放的花朵上市。可鲜食、干制。

十三、锦 鸡 儿

锦鸡儿，别名金姜花、金雀花，为豆科落叶灌木。分布于文成县珊溪片一带，生于海拔300～700米的山坡林缘或灌丛，以及平原园边、路旁或墙边石缝内。以黄色花蕾为食用部分。根、花入药。根味甘、微辛，性微温，能祛风活血、止痛、健筋骨。花味甘，性平，活血祛风。有祛风活血、舒筋活络、除湿利尿、化痰止咳等功效，常用于劳伤乏力、关节风痛、高血压病等。锦鸡儿的花单生叶腋，花冠蝶形，黄色带红色，密集，是适宜发展的一种观赏绿化花卉。

（一）繁殖方式

可扦插、种子繁殖。一般多于5～9月扦插繁殖，8月扦插繁殖生根最快。可选取健壮的枝条，不宜太老，剪成5～8厘米长的茎段，插于事前准备好的细沙床中，入沙3～4厘米，保持水分，深埋或烧毁，减少传播源。及时铲除田园、田埂、田后墙杂草，并集中处理。

（2）物理防治。冬季利用无纺布、地膜、多层膜覆盖保温；夏季利用防虫网纱、遮阳网等各种功能膜降温、抑虫、除草。

（3）化学防治。危害相思龙藤的主要虫害为甘薯天蛾、斜纹夜蛾等。在防治上，既可用频振式杀虫灯等诱杀成虫，又可喷药防治。

① 甘薯天蛾。可选用5%定虫隆乳油1 500～3 000倍液、或2.5%三氟氯氰菊酯乳油1 000～1 500倍液喷施防治。

② 斜纹夜蛾。一般可选用2.5%三氟氯氰菊酯乳油1 000～1 500倍液、或5%定虫隆乳油1 500～3 000倍液、或50%乙酰甲胺磷乳油500～700倍液喷施防治。但对斜纹夜蛾的防治要注意在2龄期虫害没有扩散时进行。

5. 越冬管理　相思龙藤喜温，当外界气温低于15 ℃就会停止生长，在冬季遇霜冻植株地上部会干枯或因冷害而生长不良。在生产上，可剪取茎蔓置于温室中越冬或挖取地下块根留种。留种应选择外皮光滑均匀、无病虫害、无冻害与湿害薯块，放在12 ℃左右下贮藏，以抑制薯块发芽，供翌年1～2月播种育苗用。一般种苗也可在大棚内加套小拱棚安全越冬。

（三）适时采收

相思龙藤在主茎长20～30厘米时可采收嫩茎上市。先收获顶梢，使侧枝萌发，叶片长肥大后，从叶柄基部折下采收，采收标准为三叶一心。采收时应避免损伤嫩叶，以免产品发黑，影响外观，同时宜松散排放，防止发热而灼伤嫩梢芽点和嫩叶。如冬季霜冻天气少，则可四季采收。采收可每天进行，早上采收较下午采收好。

十六、黄 秋 葵

黄秋葵，又名羊角菜，为锦葵科一年生草本植物，原产非洲东北部。

（一）植物学性状

全株披白色短刺毛，主茎高 122.2 厘米，开展度 83.7 厘米×72.0 厘米。茎圆中带方，绿色，单茎生长，近地部偶有分枝，需搭架栽培。叶互生，绿色，掌状五出脉，每小叶羽状脉；下部叶肾开，掌状五半裂，圆宽；上部叶肾形，掌状五深裂，裂片长椭圆形；叶片顶端渐尖，基部心形，叶片边缘锯齿状；下部叶柄长 31.7 厘米，最大叶长、宽为 24 厘米×38 厘米；上部叶柄长 18.6 厘米，最大叶长、宽为 24.5 厘米×34 厘米。叶腋出花，单生花，花有柄；两性花，花冠辐状，花瓣淡黄色，内侧底部紫色，雌蕊柱头紫色，五瓣裂，其余淡黄色；子房下位。蒴果，圆锥形，形如羊角，五棱，有刺；果柄长 2.7 厘米，果长 16.1 厘米，果宽 1.9 厘米；嫩果绿色，可食，老熟后为褐色；每果内 5 排种子，每排 12 粒，共 60 粒种子；种子圆球形，灰绿色。

（二）对环境条件的要求

1. 温度　黄秋葵喜温怕寒，耐热力强（较强），土温 15 ℃以上种子发芽，生长适温为 25～28 ℃。

2. 光照　要求光照时间较长且光照充足，种植地块应向阳通透。

3. 水分　较耐旱、耐湿，但不耐涝。幼株生长稍湿润，结果时稍干旱则影响产量及品质。

4. 土壤养分　对土壤适应广，但要求土层厚度在 50 厘米左右。生长前期以氮肥为主，中后期需磷、钾肥较多。氮肥过多植株易徒长，推迟开花结果。

（三）栽培要点

1. 栽培季节　露地直播，4～6 月播种，7～10 月采收。小棚直播，3 月播种，盖地膜，5～6 月采收。大棚育苗移栽，此种方式适宜寒冷地区，秋季 7 月播种育苗，10～12 月采收；冬季 9 月育盖，防止阳光直射，保持土壤湿润，提高成活率。返苗后可在晴天中午进行摘顶，促使分枝萌发生长。

6.5　苗期水分管理

苗期不旱不浇，以控水为主。如低温季节幼苗缺水可在晴天中午用壶喷点水，严禁浇大水。

7　定植

7.1　整地，施足基肥，做畦

定植前深翻耕土壤，使其疏松，同时施足基肥，每亩施入腐熟有机肥 2 000～3 000 千克。整地做畦，一般做畦宽 120 厘米，沟宽 30 厘米。

7.2　定植密度

每畦二行，株距为 30～40 厘米，每亩种植 2 200～3 000 株左右。定植应选择晴朗天气午后、阴天或雨后进行。定植后随即淋透定根水，若遇连续高温或光照强的天气，要每天淋水，并要防止过高的土温灼伤倒地。

8　定植后管理

8.1　肥水管理

一是要结合浇定根水，施定根肥，促进早发棵。肥料可选择腐熟的人畜粪水或复合肥，一般每亩兑水淋施复合肥 5～8 千克。红菜生根快，根系发达，施用定根肥可促使幼苗在次日或第 3 天吸收到养分。二是要追肥。一般应掌握在采摘前 30～35 天追肥，追肥量以腐熟的人畜粪水 150 千克或尿素 5 千克兑水 500 千克为佳。

红菜耐旱，但叶片生长繁茂，水分蒸发量大，注意适当补充水分。但要防止涝渍，高温多雨季节应及时清沟排水。

8.2　松土、培土与中耕除草

一般种植 2～3 天后即要查苗、补苗，力争全苗。在生长前期，茎蔓未封垄，杂草较多，且土壤常因浇水和受雨水冲刷而板结，应结合除草进行松土和培土。一般植株封行前进行1～2次中耕除草，晴天进行，以利保水保墒和土壤通气性。封行后不宜中耕，但仍需松土、培土。红菜生长期长，茎节部根常裸露，应每隔1个月培土1次。培土宜在晴天进行，将垄沟的积土松起，压碎，渗入有机肥，均匀地覆盖在垄面。

9 植株调整

红菜生长旺盛，生长后期茎叶交叠，不利于通风及田间操作，当枝条过密、过高及生长明显减弱时，须进行修剪调整。

10 病虫害防治

红菜抗性好，病虫害少，仅见蚜虫、斜纹夜蛾危害。

10.1 清洁田园

生产过程中要及时摘除病枝、残叶，带出田外深埋或烧毁，减少传播源。及时铲除田园、田埂、田后墙杂草，并集中处理。

10.2 物理防治

10.2.1 利用防虫网纱、遮阳网等各种功能膜降温、抑虫、除草。

10.2.2 利用频振式杀虫灯诱杀成虫。

10.2.3 用黄板诱蚜

可在颜色鲜艳的黄板上涂上机油，悬挂于保护地或大田，高度约50厘米，可以降低田间蚜虫密度。

10.2.4 用银灰色薄膜避蚜

在苗床四周铺17厘米宽银灰色薄膜，上方每隔1米悬挂3～6厘米银灰色薄膜，避蚜防病效果好。

10.3 化学防治

10.3.1 蚜虫

蚜虫繁殖快，要及时在田间蚜虫发生初期进行防治，连续用药2～3次，交替使用。一般选用20%康福多浓可溶剂8 000倍液，10%一遍净可湿性粉剂2 000倍液，2.5%溴氰菊酯（敌杀死）乳油 3 000 倍液。上述化学合成药剂在红菜上一个生长期内只能使用一次。

10.3.2 斜纹夜蛾

对斜纹夜蛾的防治要注意在 2 龄期虫害没有扩散时进行。一般可选用 2.5%功夫（三氟氯氰菊酯）乳油 1 000～1 500 倍液、或 5%抑太保（定虫隆）乳油 1 500～3 000 倍液、或 48%乐斯本（毒死蜱）乳油 1 000～2 000 倍液喷施防治。上述化学合成药剂在红菜上一个生长期内只能使用一次。

11 适时采收

红菜通常在主茎长 15～20 厘米时可采收嫩茎上市。先收获顶梢，使侧枝迅速萌发、封行，以后每次采收嫩梢，保留 1～2 片基叶。采收标准为三叶一心至四叶一心，5～15 厘米长。采收时应避免损伤嫩叶，以免产品发黑，影响外观，同时宜松散排放，防止发热而灼伤嫩梢芽点和嫩叶。如冬季霜冻天气少，则可四季采收。采收可每天进行，早上采收较下午采收好。

12 越冬管理

红菜喜温，当外界气温低于 5 ℃就会停止生长，在冬季遇霜冻植株地上部会干枯或因冷害而生长不良。一般种苗可在大棚内安全越冬。

A级绿色食品人参菜生产技术规程

1 范围

本标准规定了绿色食品人参菜［*Talium triangulare*（Jacq.）Willd.］的定义、产地环境质量要求、生产技术与病虫害防治措施。

本标准适用于文成县（温州地区）获得A级绿色食品标志的生鲜人参菜生产。

2 规范性引用文件

下列文件对于本文件的应用是必不可少的。凡是注日期的引用文件，仅所注日期的版本适用于本文件。凡是不注日期的引用文件，其最新版本（包括所有的修改单）适用于本文件。

NY/T 391　绿色食品　产地环境技术条件

NY/T 393　绿色食品　农药使用准则

NY/T 394　绿色食品　肥料使用准则

3 定义

3.1 绿色食品

系指经专门机构认定，许可使用绿色食品标志的无污染、安全、优质、营养食品。

3.2 绿色食品人参菜

指获得绿色食品标志的人参菜，品种名为土人参，为马齿苋科土人参属多年生草本植物，俗名土人参、假人参、东洋参等。

4 产地环境的选择

4.1 绿色食品人参菜产地环境质量必须符合NY/T 391绿色食品产地环境技术条件。

4.2　选择微酸性至中性土壤，土层深厚，疏松肥沃，保水保肥强，有机质丰富，排灌方便的田块。

5　育苗

5.1　育苗场所

小拱棚、大棚等都可作为育苗场所。育苗场地应与生产地隔离，防止生产地病虫传入。

5.2　苗床消毒

育苗前苗床彻底清除枯枝残叶和杂草，在高温季节利用太阳曝晒或药剂进行土壤消毒。

5.3　苗床营养土的比例

椰子壳∶鸡粪∶壤土为1∶1∶8，也可用腐熟有机肥∶土泥灰∶细沙∶壤土为1∶1∶1∶7。

5.4　扦插育苗

一般选择充分老壮的枝条，插条长10厘米左右，入土深度约5厘米，苗床选择新土或经消毒营养土。人参菜在生长季节均能扦插，夏季扦插宜在遮阳棚进行，以提高成活率。一般7天后便能成活生根，10天施薄粪水壮苗，15～20天即可移植到大田。

5.5　种子育苗

人参菜种子细小，壳厚而硬，每亩用种50 g，播种前可用30～40 ℃的温水浸种2天，以保证种子顺利发芽。人参菜种子小，忌土面板结，应选择结构良好的沙壤土，播种前灌足水，播种时用细土保水保墒。春季育苗用小拱棚覆盖，夏季育苗可用遮阳网覆盖，当幼苗长至6～8叶时移植大田。

6　定植

6.1　整地，施足基肥，做畦

定植前深耕晒垄，使其疏松，同时施足基肥，每亩施入腐熟有机肥2 000～3 000千克。整地做畦，一般做畦宽120厘米，沟宽30厘米。

6.2 定植密度

每畦三行，株距为 20～30 厘米，每亩种植 4 400～6 000 株。应选择雨后、阴天或晴天傍晚定植。定植后随即淋透定根水，若遇连续高温或光照强的天气，要每天淋水，并要防止过高的土温灼伤倒地。

7 肥水管理

人参菜营养生长期较短，主枝具有 12～16 片叶时开始抽薹，侧枝 8～12 叶后开始抽薹，在营养不足或干旱时尤为明显，故在种植时即可施定根肥，施肥以氮肥为主，配施磷钾肥。如果土壤贫瘠，应多施堆肥、厩肥等农家肥。种植后 1 周后可追速效肥 1 次，以后每采收 1 次追肥 1 次，每亩施复合肥 15～20 千克或淋施腐熟的薄人粪尿。追肥一般应掌握在采摘前 30～35 天进行。夏秋季每天要淋水 1 次。

8 中耕培土

早春气温较低，中耕可以提高地温，使移植的幼苗迅速发棵。高温季节，中耕可以保肥蓄水。人参菜采收期长，夏季易受雨水冲刷，一般一个月培土 1 次。

9 整枝与摘花序

人参菜营养生长期短，极易抽薹开花，在植株成活后，主枝花薹木质化前摘除花薹，可以促使侧芽萌发。当侧枝再分化二级分枝时，可视生长状况摘除部分花序或采收部分产品。在连续采收一段时间后，植株枝条老化，萌发新梢能力减弱，需通过整枝和增施有机肥以促进生长。

10 越冬管理

人参菜性喜温暖，在我国南方 11 月后生长缓慢，此时加塑料薄膜覆盖保温，去除老枝、弱枝、病枝，结合中耕培土，使其顺利越冬，有助于翌年早春萌发提前上市，但一般生产上是一年种 1 次，很少进行多年栽培。

11　病虫害防治

人参菜抗性强，较少受病虫害危害，夏秋季有少量的斜纹夜蛾为害。

11.1　清洁田园

生产过程中要及时摘除病枝、残叶，带出田外深埋或烧毁，减少传播源。及时铲除田园、田埂、田后墙杂草，并集中处理。

11.2　物理防治

11.2.1　利用防虫网纱、遮阳网等各种功能膜降温、抑虫、除草。

11.2.2　利用频振式杀虫灯诱杀成虫。

11.3　化学防治

对斜纹夜蛾的防治要注意在 2 龄期虫害没有扩散时进行。一般可选用 2.5%功夫（三氟氯氰菊酯）乳油 1 000～1 500 倍液、或 5%抑太保（定虫隆）乳油 1 500～3 000 倍液、或 48%乐斯本（毒死蜱）乳油 1 000～2 000 倍液喷施防治。上述化学合成药剂在人参菜上一个生长期内只能使用一次。

12　采收标准

人参菜以采收嫩叶为主，及时采摘产品是获得优质高效的关键。一般播种后 45 天左右可开始采收，移植苗在 22 天后陆续采收，以后每隔 15～20 天可采收 1 次。采收标准为三叶一心至四叶一心，5～15 厘米长。

无公害蔬菜　富贵菜生产操作规程

1　范围

本部分规定无公害蔬菜富贵菜的定义、产地环境质量要求和生产技术措施。

本部分适用于无公害蔬菜富贵菜的生产。

2　规范性引用文件

下列文件中的条款通过在本部分中引用而构成为本部分的条款。凡是注日期的引用文件，其随后所有的修改单（不包括勘误的内容）或修订版均不适用于本部分，然而，鼓励根据本部分达成协议的各方研究是否可使用这些文件的最新版本。凡是不注日期的引用文件，其最新版本适用于本部分。

GB 4285　农药安全使用标准

GB/T 8321.1　农药合理使用准则（一）

GB/T 8321.2　农药合理使用准则（二）

GB/T 8321.3　农药合理使用准则（三）

GB 8321.4　农药合理使用准则（四）

GB/T 8321.5　农药合理使用准则（五）

GB/T 8321.6　农药合理使用准则（六）

GB 1 8406.1　农产品安全质量　无公害蔬菜安全要求

GB/T 18407.1　农产品安全质量　无公害蔬菜产地环境要求

DB 330328 11.2—2003　无公害蔬菜富贵菜　第 2 部分：质量标准

3　定义

无公害蔬菜富贵菜

指在生态环境质量符合国家标准 GB/T 8321.6　农产品安全质量　无公害蔬菜产地环境要求，按照本部分生产，蔬菜中有毒有害物质控制在 DB330328 11.2　无公害蔬菜富贵菜　质量标准要求限量范围内的商品蔬菜。富贵菜品种名为百子草，又称百子菜、菊三七、白背菜、鸡菜等，为菊科三七草属多年生宿根草本植物。

4　无公害蔬菜富贵菜产地环境的选择

无公害蔬菜富贵菜产地环境质量必须符合 GB/T 18407.1　农产品安全质量　无公害蔬菜产地环境要求。

5　育苗

5.1　育苗场所

小拱棚、大棚等都可作为育苗场所。育苗场地应与生产地隔离，防止生产地病虫传入。

5.1.1　苗床营养土的比例

椰子壳：鸡粪：壤土为 1：1：8，也可用腐熟有机肥：土泥灰：细沙：壤土为 1：1：1：7。

5.1.2　苗床消毒

育苗前苗床彻底清除枯枝残叶和杂草，在高温季节利用太阳曝晒或药剂进行土壤消毒。

5.1.3　育苗方式

富贵菜的茎节部易生不定根，宜扦插繁殖，全年均可进行，以春、秋两季为宜，夏季成活率低。从植株上剪取生长良好的健壮枝条作插条，每插条长约 15 厘米，带 5～10 片叶，摘去基部叶片，将插条的 1/2 插入床土，扦插株行距 4～10 厘米。有条件的可覆盖遮阳网，以提高成活率。扦插后 4～7 天，插条即能发生不定根，15～

20 天后可移植至大田。夏天应选择阴凉地段作苗床，或加盖遮阳网降温。春、秋两季直接剪取枝条扦插到大田也能取得很好的效果。

5.1.4 苗期水分管理

苗期不旱不浇，以控水为主。如低温季节幼苗缺水可在晴天中午用壶喷点水，严禁浇大水。

6 定植

6.1 整地，施入基肥，做畦

富贵菜根系发达，是一次种植多年多次采收的蔬菜。在生产上选择排水良好、富含有机质、保水保肥力强的微酸性壤土为宜。富贵菜需肥量大，要求土壤养分供应持久，施足基肥是高产优质的关键。定植前深翻耕土壤，使其疏松，同时每亩施入 2 000～3 000 千克腐熟有机肥作为基肥。采用高畦栽培，一般畦宽 120 厘米，畦高 20 厘米左右，畦面整细呈龟背形，沟宽 30 厘米。富贵菜喜温喜湿，畦面可采用黑膜覆盖，增温、保肥、保墒，并能有效阻止杂草生长，一般每亩约需黑膜 10 千克。

6.2 定植密度

每畦两行，株距为 40～45 厘米，每亩种植 2 000～2 200 株。定植应选择晴朗天气午后、阴天或雨后进行。定植后随即淋透定根水。

7 定植后管理

7.1 肥水管理

富贵菜生长期长达 1 年，良好的水分和肥料供应，是保证富贵菜获得高产和优质的基础。定植后，经 3～4 天缓苗，即可薄施复合肥水提苗，15 天后每亩追施腐熟的粪肥水 300～500 千克＋尿素 5 千克或复合肥 10～15 千克，以后追肥应掌握在采摘前 30～35 天。富贵菜生长量大，需保持土壤湿润，天气干旱时早晚应淋水 1 次，雨季要注意及时排水，防涝渍。夏天搭棚遮阴、防暴雨，以利于富贵菜的生长。

7.2　中耕除草

没有采用黑膜覆盖栽培的地块，植株封行前需进行1～2次中耕除草。中耕需在晴天进行。早春气温较低，中耕有利于提高地温；夏季中耕则可保水保墒、增强土壤的通气性、促进土壤有机质的分解。封行后不宜中耕，但仍要增施有机肥和培土。

7.3　植株调整

富贵菜生长旺盛，生长后期茎叶交叠，不利于通风及田间操作，亦影响植株的生长，此时应将植株距离地面约15厘米以上的枝条全部剪除，同时增施有机肥和培土。修剪次数和修剪时间视植株的高度和生长势而定。当植株枝条过密、过高及生长明显减弱时，需进行植株调整。

8　病虫害防治

8.1　清洁田园

生产过程中要及时摘除病枝、残叶，带出田外深埋或烧毁，减少传播源。及时铲除田园、田埂、田后墙杂草，并集中处理。

8.2　物理防治

冬季利用无纺布、地膜、多层膜覆盖保温；夏季利用防虫网纱、遮阳网等各种功能膜降温、抑虫、除草。

8.3　化学防治

富贵菜抗性好，病虫害少，仅见蚜虫、斜纹夜蛾、灰霉病等的危害。

蚜虫防治：一般每亩可选用10%吡虫啉（一遍净）可湿性粉剂1 000～1 500倍液防治。

斜纹夜蛾防治：一般可选用2.5%功夫（三氟氯氰菊酯）乳油1 000～1 500倍液、或5%抑太保（定虫隆）乳油1 500～3 000倍液、或50%乙酰甲胺磷乳油500～700倍液、或48%乐斯本（毒死蜱）乳油1 000～2 000倍液喷施防治。

灰霉病防治：一般可选用50％速克灵（腐霉利）可湿性粉剂1 000～2 000倍液、或65％万霉灵（甲霜灵）可湿性粉剂600～800倍液、或50％扑海因（异菌脲）可湿性粉剂1 000～1 500倍液，还可每米^{3}用20％百腐烟剂0.2～0.3克烟熏防治。

9 适时采收

富贵菜一年四季均可采收，定植后45天就能采收嫩茎叶上市。在生长初期，及时采收主茎上的嫩茎叶，保留基部3～4片叶，促使植株侧芽的萌发，迅速封行，以后每次采收嫩梢时保留基叶1～2片。采收标准：三叶一心的嫩梢。第一次采收后由叶腋长出新梢经15～20天又可采收。大田生产时应天天采收，嫩茎叶连续采收后，植株分枝繁茂、矮化丛密，单位面积产量会明显增加。在肥水充足和采收及时的情况下，一般每年亩产可达3 000～5 000千克。

10 食用方法

以嫩茎供食用，可炒食、做汤等。食味清爽，口感脆嫩，具淡清香，具有消炎降火、凉血、生津等功效，并具有提高人体抵抗力等保健作用。

无公害蔬菜　相思龙藤生产操作规程

1　范围

本部分规定无公害蔬菜相思龙藤的定义、产地环境质量要求和生产技术措施。

本部分适用于无公害蔬菜相思龙藤的生产。

2　规范性引用文件

下列文件中的条款通过在本部分中引用而构成为本部分的条款。凡是注日期的引用文件，其随后所有的修改单（不包括勘误的内容）或修订版均不适用于本部分，然而，鼓励根据本部分达成协议的各方研究是否可使用这些文件的最新版本。凡是不注日期的引用文件，其最新版本适用于本部分。

GB 4285　农药安全使用标准

GB/T 8321.1　农药合理使用准则（一）

GB/T 8321.2　农药合理使用准则（二）

GB/T 8321.3　农药合理使用准则（三）

GB 8321.4　农药合理使用准则（四）

GB/T 8321.5　农药合理使用准则（五）

GB/T 8321.6　农药合理使用准则（六）

GB 18406.1　农产品安全质量　无公害蔬菜安全要求

GB/T 18407.1　农产品安全质量　无公害蔬菜产地环境要求

DB 330328 10.2—2003　无公害蔬菜相思龙藤　第 2 部分：质量标准

3　定义

无公害蔬菜相思龙藤

指在生态环境质量符合国家标准 GB/T 8321.6　农产品安全质量　无公害蔬菜产地环境要求，按照本部分生产，蔬菜中有毒有害物质控制在 DB 330328 10.2　无公害蔬菜相思龙藤　质量标准要求限量范围内的商品蔬菜。相思龙藤品种名为台湾番薯叶，又称白薯叶、番薯叶、地瓜叶，是甘薯的叶、叶柄和芽梢部，为旋花科甘薯属草本匍匐性蔓生植物。

4　无公害蔬菜相思龙藤产地环境的选择

无公害蔬菜相思龙藤产地环境质量必须符合 GB/T 18407.1　农产品安全质量　无公害蔬菜产地环境要求。

5　育苗

5.1　育苗场所

小拱棚、大棚等都可作为育苗场所。育苗场地应与生产地隔离，防止生产地病虫传入。

5.1.1　苗床营养土的比例

椰子壳：鸡粪：壤土为 1：1：8，也可用腐熟有机肥：土泥灰：细沙：壤土为 1：1：1：7。

5.1.2　苗床消毒

育苗前苗床彻底清除枯枝残叶和杂草，在高温季节利用太阳曝晒或药剂进行土壤消毒。

5.1.3　育苗方式

相思龙藤通常采用茎段扦插繁殖。从植株上剪取生长良好的健壮枝条作插条，每插条长约 15 厘米，带 5～10 片叶，摘去基部叶片，将插条的 1/2 插入床土，扦插株行距 4～10 厘米。返苗后可在晴天中午进行摘顶，促使分枝萌发生长。分枝长 25 厘米左右即可割苗定植。

5.1.4　苗期水分管理

苗期不旱不浇，以控水为主。如低温季节幼苗缺水可在晴天中午用壶喷点水，严禁浇大水。

6　定植

6.1　整地，施足基肥，做畦

定植前深翻耕土壤，使其疏松，同时施足基肥，每亩施入腐熟有机肥 2 000～3 000 千克。整地做畦，一般做畦宽 120 厘米，沟宽 30 厘米。

6.2　定植密度

每畦四行，株距为 25～30 厘米，每亩种植 6 000～8000 株左右。定植应选择晴朗天气午后、阴天或雨后进行。定植后随即淋透定根水，若遇连续高温或光照强的天气，要每天淋水，并要防止过高的土温灼伤倒地的薯苗。

7　定植后管理

7.1　肥水管理

一是要结合浇定根水，施定根肥，促进早发棵。肥料可选择腐熟的人畜粪水或复合肥，一般每亩对水淋施复合肥 5～8 千克。相思龙藤生根快，根系发达，施用定根肥可促使幼苗在次日或第 3 天吸收到养分。二是要追肥。一般应掌握在采摘前 30～35 天追肥，追肥量以腐熟的人畜粪水三担或尿素 5 千克兑水 10 担为佳。

相思龙藤耐旱，但叶片生长繁茂，水分蒸发量大，注意适当补充水分。但要防止涝渍，高温多雨季节应及时清沟排水。

7.2　松土和培土

一般种植 2～3 天后即要查苗、补苗，力争全苗。在生长前期，茎蔓未封垄，杂草较多，且土壤常因浇水和受雨水冲刷而板结，应结合除草进行松土和培土。相思龙藤生长期长，垄面茎蔓交错，茎节部根常裸露，应每隔 1 个月培土 1 次。培土宜在晴天进行，将垄沟的积土松起，压碎，渗入有机肥，均匀地覆盖在垄面的茎蔓上。在采收后期，如果茎蔓交错过于严重，培土都难以覆盖茎蔓，可适当剪除过多的茎蔓，再进行培土。

8 病虫害防治

8.1 清洁田园

生产过程中要及时摘除病枝、残叶，带出田外深埋或烧毁，减少传播源。及时铲除田园、田埂、田后墙杂草，并集中处理。

8.2 物理防治

冬季利用无纺布、地膜、多层膜覆盖保温；夏季利用防虫网纱、遮阳网等各种功能膜降温、抑虫、除草。

8.3 化学防治

危害相思龙藤的主要虫害为甘薯天蛾、斜纹夜蛾等。在防治上，既可用频振式杀虫灯等诱杀成虫，又可喷药防治。

甘薯天蛾防治：可选用5%抑太保（定虫隆）乳油1 500～3 000倍液、或2.5%功夫（三氟氯氰菊酯）乳油1 000～1 500倍液喷施防治。

斜纹夜蛾防治：一般可选用2.5%功夫（三氟氯氰菊酯）乳油1 000～1 500倍液、或5%抑太保（定虫隆）乳油1 500～3 000倍液、或50%乙酰甲胺磷乳油500～700倍液、或48%毒死蜱乳油1 000～2 000倍液喷施防治。但对斜纹夜蛾的防治要注意在2龄期虫害没有扩散时进行。

9 适时采收

相思龙藤在主茎长20～30厘米时可采收嫩茎上市。先收获顶梢，使侧枝萌发，叶片长肥大后，从叶柄基部折下采收。采收标准为三叶一心。采收时应避免损伤嫩叶，以免产品发黑，影响外观，同时宜松散排放，防止发热而灼伤嫩梢芽点和嫩叶。如冬季霜冻天气少，则可四季采收。采收可每天进行，早上采收较下午采收好。

10 越冬管理

相思龙藤喜温，当外界气温低于15 ℃就会停止生长，在冬季遇霜冻植株地上部会干枯或因冷害而生长不良。在生产上，可剪取茎蔓置于温室中越冬或挖取地下块根留种。留种应选择外皮光滑均匀、无病虫害、无冻害与湿害薯块，放在 12 ℃左右下贮藏，以抑制薯块发芽，供翌年 1～2 月播种育苗用。一般种苗也可在大棚内加套小拱棚内安全越冬。

11　食用方法

以嫩茎供食用，可炒食、做汤等。食味清爽，口感脆嫩，具淡清香，具有消炎降火、凉血、生津等功效，并具有提高人体抵抗力等保健作用。

图书在版编目（CIP）数据

野生蔬菜资源及栽培实用技术集萃 / 郑华主编．—北京：中国农业出版社，2018.1

ISBN 978-7-109-23836-7

Ⅰ.①野… Ⅱ.①郑… Ⅲ.①野生植物-蔬菜园艺 Ⅳ.①S647

中国版本图书馆 CIP 数据核字（2018）第 006596 号

中国农业出版社出版

（北京市朝阳区麦子店街 18 号楼）

（邮政编码 100125）

责任编辑 王黎黎 浮双双

中农印务有限公司印刷 新华书店北京发行所发行

2018 年 1 月第 1 版 2018 年 1 月第 1 次印刷

开本：880mm×1230mm 1/32 印张：3.25 彩插：2

字数：110 千字

定价：20.00 元